小碗创意儿童餐

小碗创意工作室 常晶晶 / 著

江苏凤凰科学技术出版社

前言 preface

初为人父、为人母，最关心的莫过于孩子的“吃”和“健康”的问题。怎么科学地喂养孩子，让孩子吃得营养、吃得开心、长得好、少生病？这……可真是个事儿。

别担心，现在一群育儿专家、儿科医生、营养师和美食达人，同时也是爸爸妈妈的他们联合起来啦！他们奉献出闲暇时间，亲手制作各色好看又好吃的儿童菜式，并提供专业的营养方案，为各位“粑粑麻麻”解决这一连串看似不易的问题。

好吃、易做、治未病，这里不仅分享了专业实用的儿童饮食和育儿经验，还根据孩子们遇到的健康问题进行解疑答惑。一起行动起来吧！好东西绝对要和大家一起分享！让孩子吃得营养，身体倍儿棒，享受属于您的欢乐亲子时光！

目录 Contents

Chapter 1

爸爸，妈妈！快来，这里有一场小动物的盛宴！

Chapter 2

耶！

又可以去郊游啦！

谢谢爸爸妈妈给我的爱！

1茶匙＝5毫升

Chapter 1

爸爸，妈妈！快来，

这里有一场小动物的盛宴！

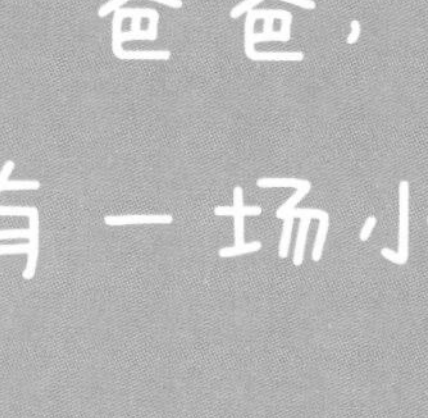

黄瓜果冻，让孩子冷静下来。

“冻”住宝宝烦躁的情绪

在炎热的夏天，孩子不想吃饭，精神不好，还总是动来动去，情绪烦躁不安。用强硬的手段是解决不了问题的，让我们用一碗入口即溶的黄瓜果冻，以温和的方式来安抚孩子烦躁的心吧。

今日私房

黄瓜果冻

黄瓜汁加鱼胶或蜂蜜，冻成可爱的卡通图形，入口即溶，还带有淡淡的甜味，能有效安抚孩子因夏日到来而产生的烦躁情绪。

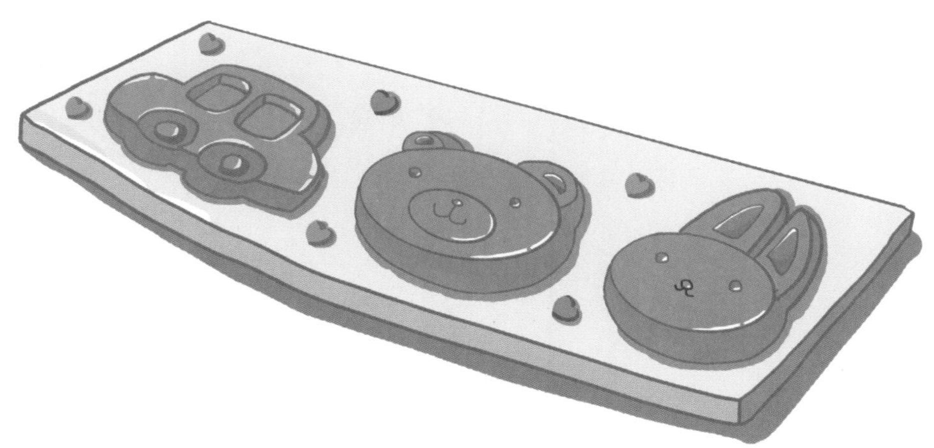

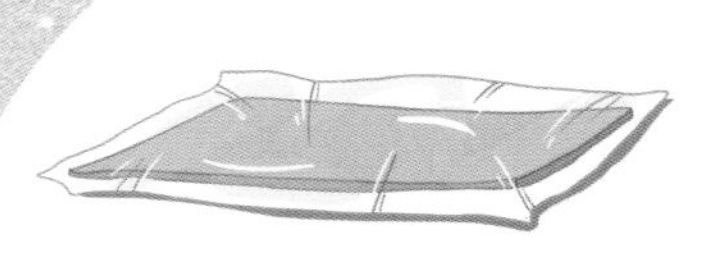

活力“满格”

鱼胶的主要成分为高级胶原蛋白，它参与细胞的迁移、分化，使宝宝的身体充满活力。黄瓜味甘，性凉，具有除烦、利尿的功效，能够安抚孩子的烦躁情绪。

安神小帮手

黄瓜含有维生素B_1，对改善神经系统功能有一定的功效，能安神定志，可提升宝宝的睡眠质量。家中的宝宝如果睡眠不好，不妨试试这道黄瓜冻。

夏季解暑神器

夏日暑气重，容易上火，爽口的黄瓜冻，不仅能补充营养，还能清热，让宝宝拥有一个宁静快乐的夏天。

Nutrition 小碗营养点

搞定一道美食 只要10分钟
材料
Ingredients
鱼胶1片
白糖少许
黄瓜1条

1.

黄瓜洗净榨汁。

2.

过滤黄瓜汁。

3.

将鱼胶放入开水中煮至融化。

4.

将白糖放到煮融了的鱼胶中。

5.

紧接着在步骤4的锅中加入过滤好的黄瓜汁。
用勺子搅拌均匀。

6.

倒入事先准备好的模具内，晾凉。

7.

放入冰箱冰冻成块，拿出即可。

亲手私厨
小小心得

1. 白糖可以改用蜂蜜。
2. 黄瓜汁一定要过滤一遍，否则爽滑度将大大降低。

五彩金鱼饺好吃又营养，为孩子嫩滑的皮肤构建一道防护罩。

保护皮肤健康

小孩子的皮肤娇嫩，经常会引来蚊虫的叮咬，也很容易得湿疹。来一道五彩金鱼饺，让喜欢金鱼的孩子食欲大开，这道菜不仅能促进造血功能，更能很好地保护孩子的皮肤健康。

五彩金鱼饺

菠菜+紫甘蓝+胡萝卜+南瓜+肉沫做成小金鱼造型，搭配胡萝卜点缀作眼睛，活灵活现的小金鱼，让孩子的胃口大开，同时可以保护孩子的皮肤健康。

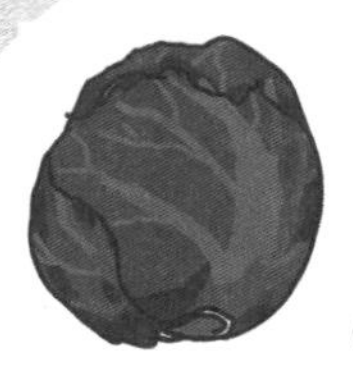

保护皮肤健康

紫甘蓝含有丰富的硫元素，这种元素的主要作用是杀虫止痒，对于各种皮肤瘙痒、湿疹等疾病具有一定疗效，因而经常吃这类蔬菜对于保护皮肤健康十分有益。

营养有保障

菠菜中含有丰富的胡萝卜素、维生素C、钙、磷及一定量的铁、维生素E等有益成分，能供给人体多种营养物质；其所含铁质，对缺铁性贫血有较好的辅助治疗作用。

促进造血

南瓜含有丰富的钴，在各类蔬菜中南瓜含钴量居首位。钴能促进人体的新陈代谢，促进造血功能，并参与人体内维生素B_{12}的合成，是人体胰岛细胞所必需的微量元素。

Nutrition 小碗营养点

搞定一道美食 只要10分钟
材料
Ingredients
猪肉沫适量
菠菜适量
南瓜适量
紫甘蓝1棵
面粉适量
胡萝卜1条
盐、酱油适量
油适量
枸杞子适量

1.

分别把洗干净的菠菜、胡萝卜、紫甘蓝和南瓜打烂，把汁盛到碗里。

2.

把面粉分成四份，分别加入四种菜汁。

3.

把面粉捏成面团。

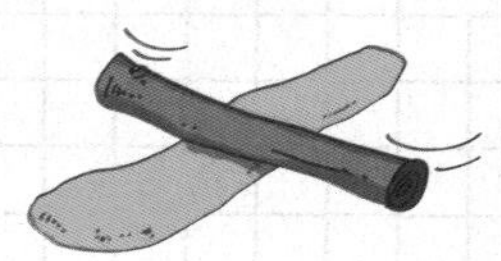

4.

用擀面杖把四个面团压成牛舌状。

5.

把四种压好的面饼叠在一起，用刀切条状。

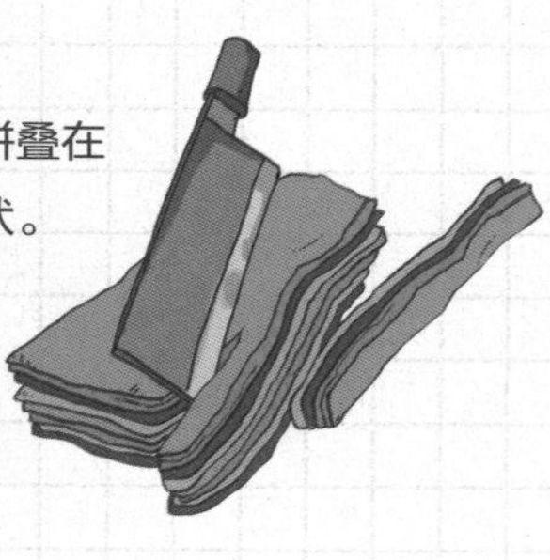

6.

将步骤5中的条状面团擀压成饼状，用圆形压模压出一个圆形。

7.

用油、酱油、盐腌制猪肉沫，然后把猪肉沫放到圆形面饼里。

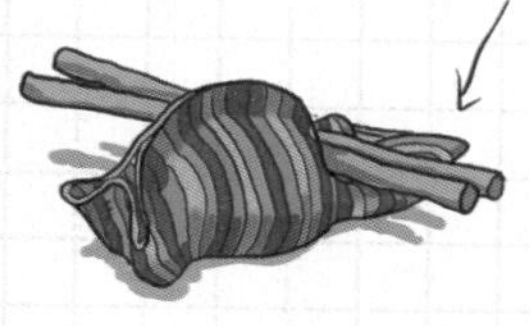

8.

把面皮对折，用手把中间压实，两边各预留1/3，将一边如图捏成鱼嘴的样子，另一边用筷子压成鱼尾，做成金鱼形状。

9.

用刀切出金鱼尾巴上的花纹。

10

把枸杞子做成金鱼的眼睛。

11.

用蒸锅蒸熟即可。

亲手私厨小小心得

1. 面团里放点盐会使其硬些，容易造型，且吃起来味道更好。
2. 重叠面皮时用手轻轻按压，使其充分粘连。
3. 为了尽量保持天然色彩的艳丽，建议现做现吃。

孩子喜欢吃是关键，赶紧试试这道牛奶椰蓉小甜点。

促进身体发育

孩子在长身体的时候，营养供给很重要，营养供应越全面，孩子长得越好。用一道美味十足的牛奶椰蓉，让成长中的孩子吸收所需的营养素，促进身体的全面发育。

今日私房

牛奶椰蓉小甜点

牛奶+椰蓉+玉米淀粉+淡奶油做的牛奶椰丝，奶香味十足，让喜欢喝牛奶的孩子食欲大开，同时又为孩子补充更加全面的营养素。

营养最全面

牛奶的蛋白质和热量的比例很合理，其含有适合孩子发育所必需的绝大部分营养素，可使动脉血管保持稳定，大大提高大脑的工作效率，并强健骨骼和牙齿。

补充营养

椰蓉含有糖类、脂肪、蛋白质、B族维生素、维生素C及微量元素镁等，能够有效地补充人体所需的营养成分，提高机体的免疫力。

帮助消化

玉米淀粉中含有丰富的膳食纤维，能促进肠蠕动，帮助消化，减少有毒物质的吸收和致癌物质对结肠的刺激。

Nutrition 小碗营养点

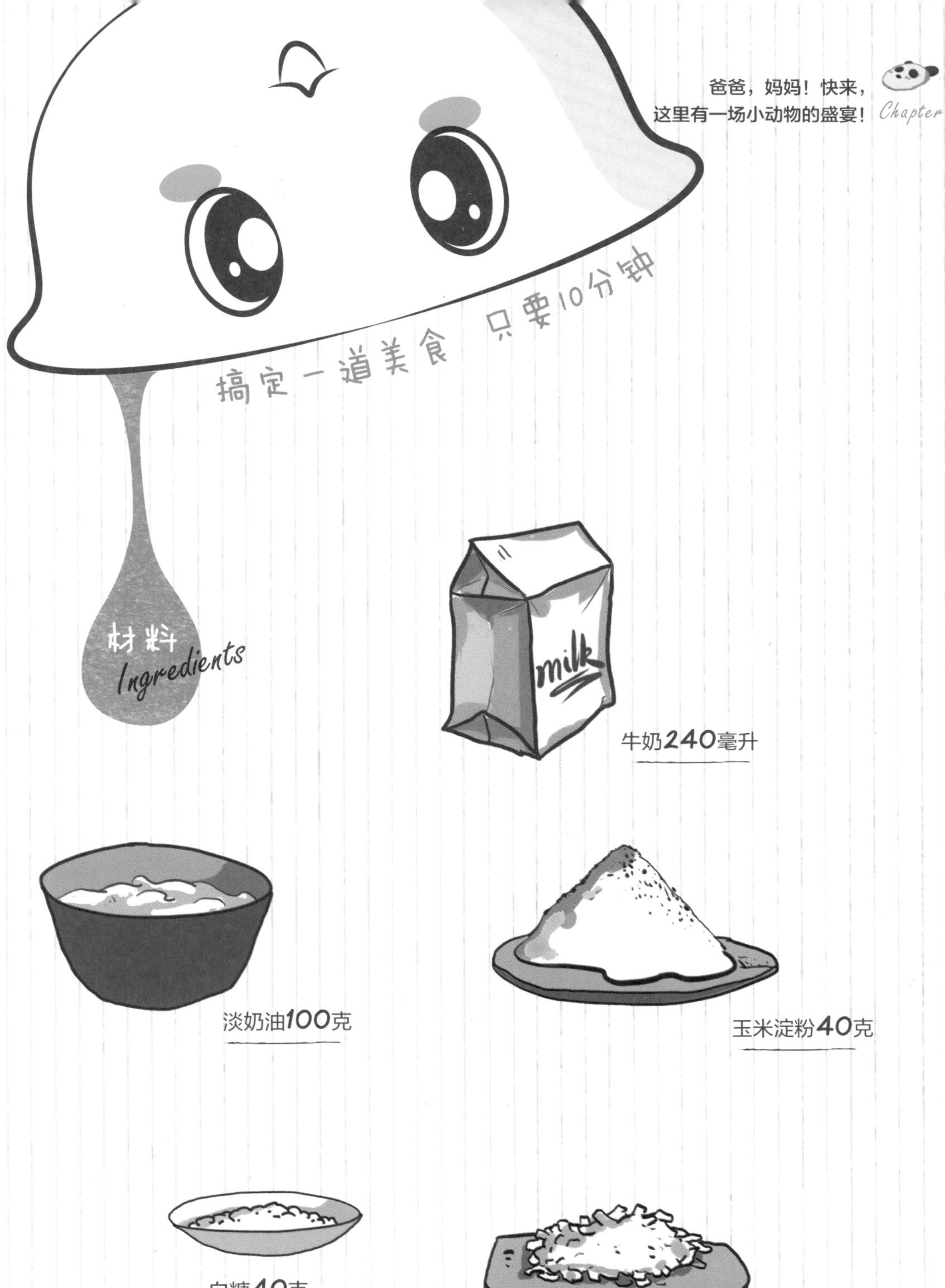
搞定一道美食 只要10分钟
材料
Ingredients
milk
牛奶240毫升
淡奶油100克
玉米淀粉40克
白糖40克
椰蓉适量

1.

将80毫升的牛奶和玉米淀粉混合均匀。

2.

将剩余的牛奶和淡奶油、白糖倒在锅里，开中火一边煮一边搅拌。

3.

锅里的奶液煮沸时，将步骤1中玉米淀粉和牛奶的混合液倒在锅里，并快速搅匀。

4.

待锅里的奶酱变得黏稠、有点类似膏状就关火。

5.

用勺子迅速倒入容器中。

6.

然后用工具铲平，晾凉。

7.

放入冰箱冷藏**4**个小时以上，
再撒上椰蓉。

8.

装盘，作品完成。

亲手私厨小小心得

1. 往奶液里倒面糊的时候，要边倒边搅，搅动得快，出现很稠很稠的糊状时，就关火。
2. 做好的甜点从冰箱拿出来后会慢慢变软融化，所以要在不冷藏的时候趁早吃完哦！

孩子成长的秘籍

为什么别人家的孩子那么健康，为什么别人家的孩子皮肤那么水润，为什么别人家的孩子长得更高……别再问那么多为什么了，就从一碗南瓜海鲜汤开始，来解开“粑粑麻麻”心中的谜团吧！

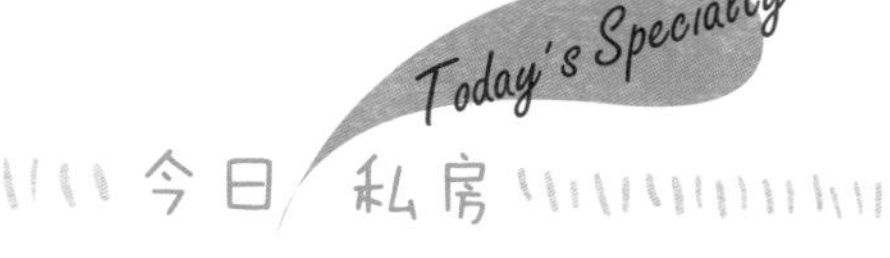

南瓜海鲜汤

海鲜搭配南瓜，是有助于孩子消化的最佳搭档，可以让孩子充分吸收营养，孩子健康长高自然也不再是“粑粑麻麻”的烦恼了。

身体健康，“消化”先行

营养很重要，消化更重要。虾，肉质松软，易消化，营养价值高，对宝宝来说是极好的食物；南瓜所含的果胶能促进胆汁分泌，加强胃肠蠕动，帮助食物消化。

发育推动机

南瓜中丰富的锌，参与人体内核酸、蛋白质合成，是人体生长发育的重要物质。处于成长发育阶段的孩子，可不要错过这道美食哦！

最佳年龄段

这道菜，口感软糯，易于消化，非常适合1~3岁的宝宝食用。

Nutrition 小碗营养点

搞定一道美食 只要10分钟
材料
Ingredients
小南瓜1个
油2茶匙
牛奶适量
milk
蒜2瓣
虾仁150克
盐1/2茶匙

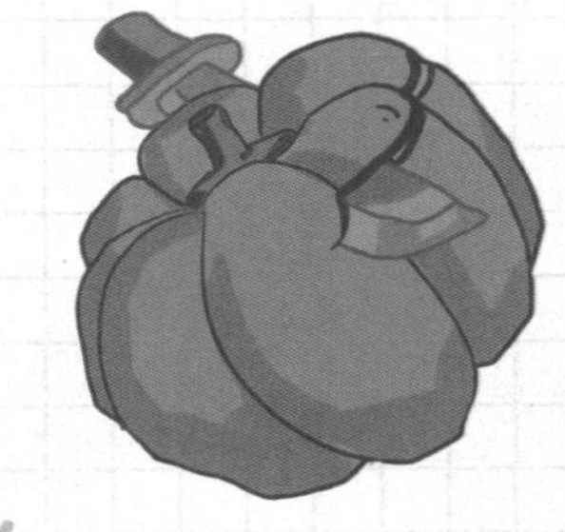

1.

将小南瓜洗净，沿着小南瓜顶部1/3处切开。

2.

切开的小南瓜顶部用来当南瓜盅的盖子，剩下的部分则掏出来瓜瓤和瓜籽，用来做装羹的南瓜盅。

3.

将刮下来的南瓜瓤切碎，放入搅拌机中，放入适量的水，搅拌成汁。

4.

往南瓜汁中加入适量的牛奶，搅拌均匀。倒入碗中。

5.

小锅加油烧热，爆香蒜，放入新鲜虾仁，稍稍翻炒。

6.

把南瓜汁倒入南瓜盅，加入炒好的虾仁和适量的盐。

7.

盖上南瓜盅盖子，将其放入蒸锅中蒸熟，作品完成。

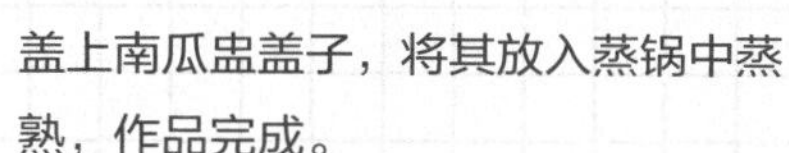

亲手私厨小小心得

1. 用南瓜做容器蒸汤时，因南瓜本身会出水，所以汤汁不要放得太满，以免溢出。
2. 蒸好后的汤羹和南瓜盅都是可以吃的，别浪费哦！
3. 建议把挖出的全部瓜瓤、瓜籽都充分搅拌，因为南瓜籽也有丰富的营养，且没有任何副作用哦！

如何应对没胃口吃饭的孩子呢？试试这道虾球童餐。

孩子的胃口被打开

炎炎夏日，孩子的食欲会大大的下降，让孩子吃饭成为爸爸妈妈心中的大难题。一道融合水果与虾的夏日特制菜式，味道酸甜，清凉可口，再热的天气，孩子都胃口满满！

今日私房

荔枝虾球

虾肉与荔枝的组合，既保留了水果的甜酸爽口，又有海鲜美味嫩滑的口感，极佳的味道加上本身开胃的功效，令孩子吃了还想吃。

太开胃了

荔枝味甘、酸，性温，入心、脾、肝经，具有补脾益肝、开胃益脾、促进食欲的功效。孩子夏日因天气热没胃口，吃这道菜，准没错。

增强免疫力

虾的营养价值极高，可食用部分蛋白质占16%～20%，是鱼、蛋、奶所含蛋白质的几倍，甚至十几倍，同时虾含有丰富的钾、碘、镁、磷等元素和维生素A等成分，能极大地增强孩子的免疫力。

安神助眠

荔枝所含丰富的糖分具有补充能量、增加营养的作用。研究证明，荔枝对大脑组织有补养作用，能明显改善失眠、疲劳等症状。

Nutrition
小碗营养点

搞定一道美食 只要10分钟

材料 Ingredients

蛋清1碟

鲜虾50克

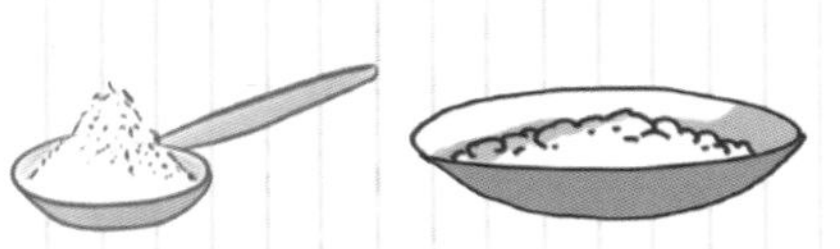

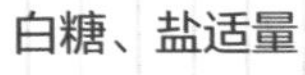

白糖、盐适量

淀粉适量

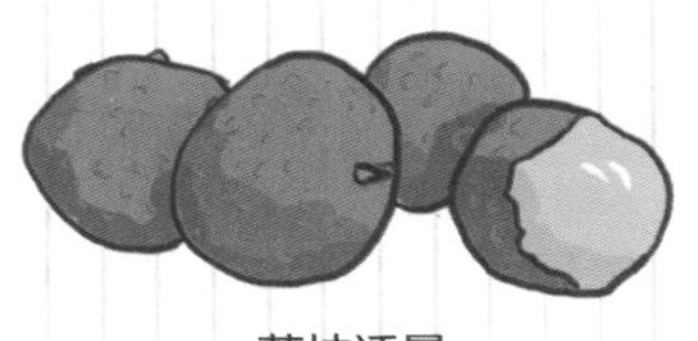

荔枝适量

料酒适量

1. 鲜虾煮熟后剥壳，去头尾。

2. 将虾仁切碎，然后剁成虾蓉。

3. 在虾蓉中放入蛋清、白糖、盐、淀粉和料酒。

4. 荔枝剥壳，去核。

5. 将虾蓉塞入荔枝中。

6.

把荔枝虾球放入蒸锅中蒸熟。

7.

将煮熟的荔枝虾球装盘，摆上一点小装饰，并根据个人口味调味，作品完成。

亲手私厨小小心得

1. 选购核大的荔枝更适合做此菜。
2. 如果怕腥，可在虾蓉中放点蒜蓉。

"我们"，好吃！

活力爆棚

喜欢运动的孩子身体倍儿棒，这样的孩子也更有活力……简单有趣的熊仔肉夹馍，在餐桌上陪孩子嬉戏玩耍，让孩子在快乐中健康成长。

Today's Specialty

今日私房

熊仔肉夹馍

面包+蘑菇+黑木耳+鸡蛋+圣女果，各种营养的食材组合，变成一个可爱的小熊仔，不仅让孩子胃口大开，更可为孩子打造一副活力满满的好身体。

活力**满满**

蘑菇富含硒、铜、钾、磷、锌、锰、镁、铁、钙、蛋白质和多种维生素，黑木耳含有丰富的蛋白质、铁、钙、维生素，二者的强强联手，为孩子的身体提供无限活力。

健脑**益智**

鸡蛋对神经系统和身体发育有很大的作用，其中含有的胆碱可有效改善记忆力，处于生长发育期的孩子可不要错过这道美食哦！

止渴**优选**

炎炎夏日，容易口舌干燥，圣女果具生津止渴的功效，食用它，在夏日帮助孩子消暑解渴。

Nutrition 小碗营养点

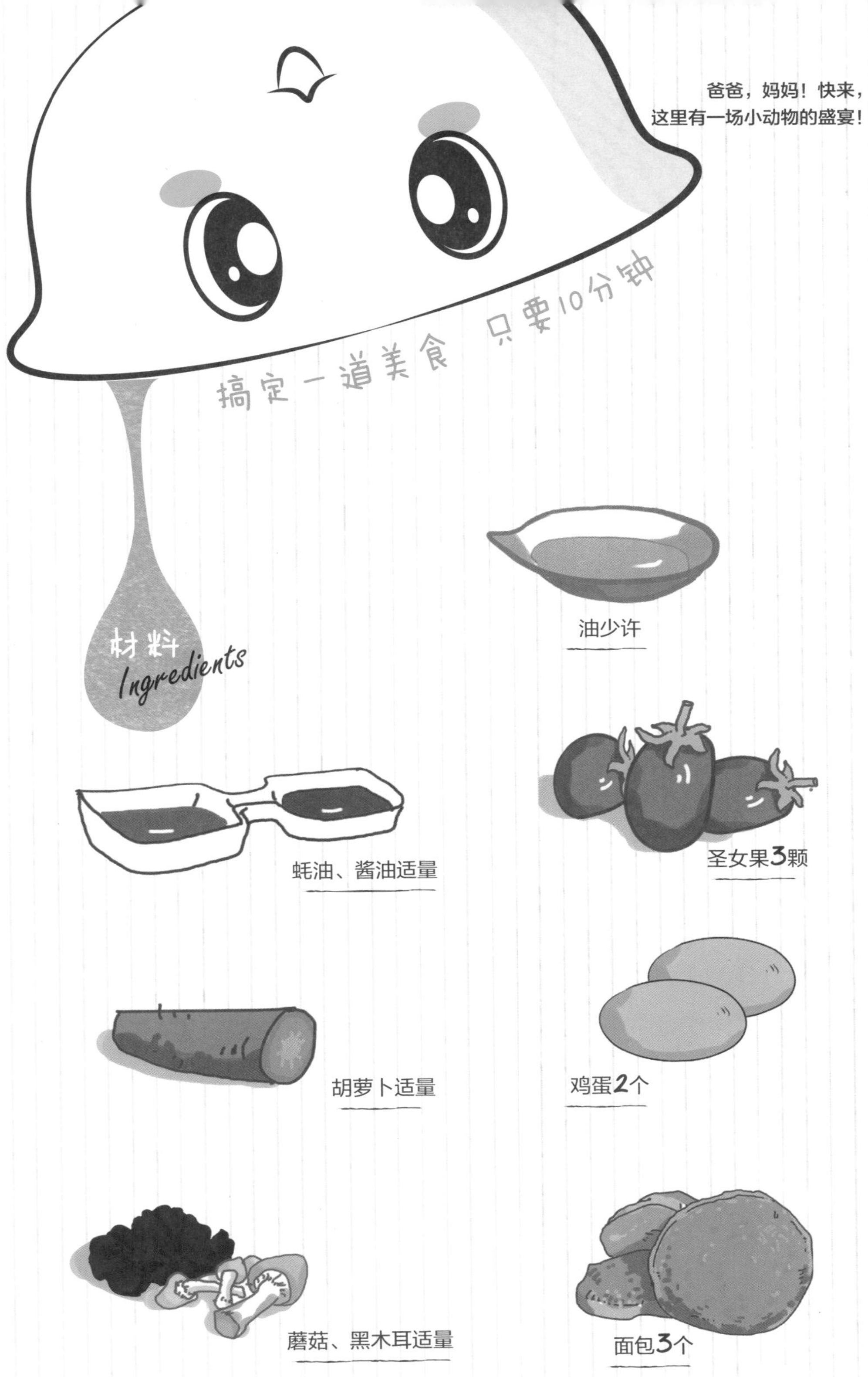
搞定一道美食 只要10分钟
材料
Ingredients
油少许
圣女果3颗
蚝油、酱油适量
鸡蛋2个
胡萝卜适量
蘑菇、黑木耳适量
面包3个

1.

将鸡蛋打成蛋液备用。

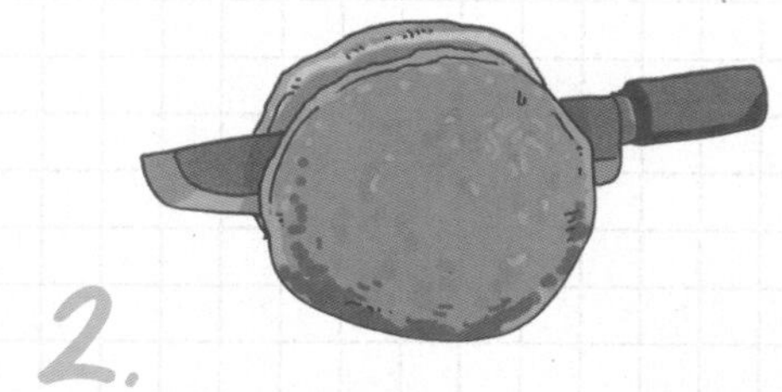

2.

将面包从中间切开备用。

3.

将黑木耳、蘑菇、胡萝卜洗净切碎，放入烧热的锅中，调入适量的酱油、蚝油，炒熟后盛入碗中备用。

4.

锅中加少许油将蛋液煎成蛋饼，将炒熟的黑木耳、蘑菇、胡萝卜放入煎好的蛋饼中。

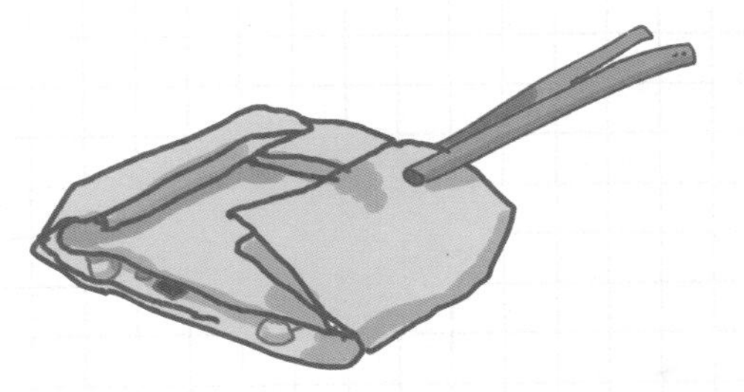

5.

将蛋饼折叠，包裹住炒熟的黑木耳、蘑菇、胡萝卜，但要留一个开口。

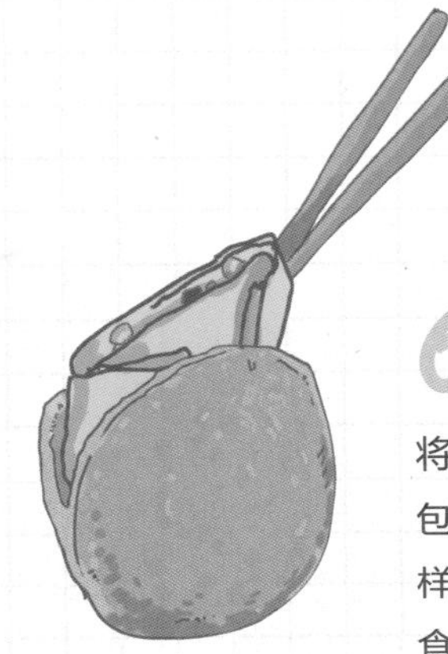

6.

将蛋饼放入切开的面包中，开口朝外，这样就可以看见里面的食材。

7.

如图用炒熟的蘑菇伞头做嘴巴，用海苔片做成眼睛、鼻子和嘴巴的样子，再摆上圣女果，作品完成。

亲手私厨小小心得

1. 根据个人喜好，可将里面的黑木耳、胡萝卜等换成自己喜欢的食材。
2. 如果喜欢面食，也可以加入适量的面条到面包中。

让孩子注意力集中的饼干。

聚精“汇”神

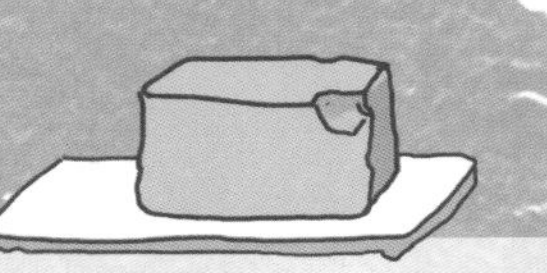

小孩子很难专注于一件事，前一刻还感兴趣，下一刻可能就丢一边了。如何集中孩子的注意力？就让一块块可口的杏仁饼干来帮忙，每一块都有不同的可爱表情，孩子的注意力自然不会分散。

Today's Specialty

今日私房

杏仁饼干

面粉+黑芝麻+杏仁做出来的饼干，口感香甜，“对付”注意力不集中的小孩，真的很有效哦！

营养补钙佳品

黑芝麻含有优质蛋白质、丰富的矿物质，以及丰富的不饱和脂肪酸、维生素E和珍贵的芝麻素及黑色素。且黑芝麻的钙含量远高于牛奶和鸡蛋，是名副其实的补钙佳品。

再也不咳了

甜杏仁中含有苦杏仁苷，可以产生微量的氢氰酸与苯甲醛，对呼吸中枢有抑制作用，可达到镇咳、平喘的效果。如果孩子稍微有些咳嗽，不用急着用药，吃点甜杏仁吧，镇咳效果显著。甜杏仁不可生食、要炒熟、蒸熟等加工后食用。

丰富的营养

甜杏仁富含蛋白质、脂肪、糖类、胡萝卜素、B族维生素、维生素C、维生素P以及钙、磷、铁等营养成分，其中胡萝卜素的含量在果品中仅次于芒果。

Nutrition 小碗营养点

鸡蛋1个

白糖适量

黑芝麻适量

甜杏仁适量

面粉适量

黄油适量

1. 将面粉通过过滤器过滤。

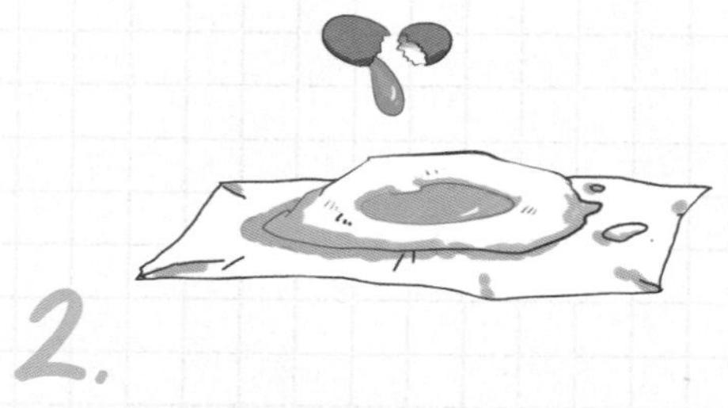

2. 把鸡蛋打到面粉中间。

3. 把白糖倒到黄油的碗里进行搅拌。

4. 等黄油全部融化后倒到鸡蛋面粉上。

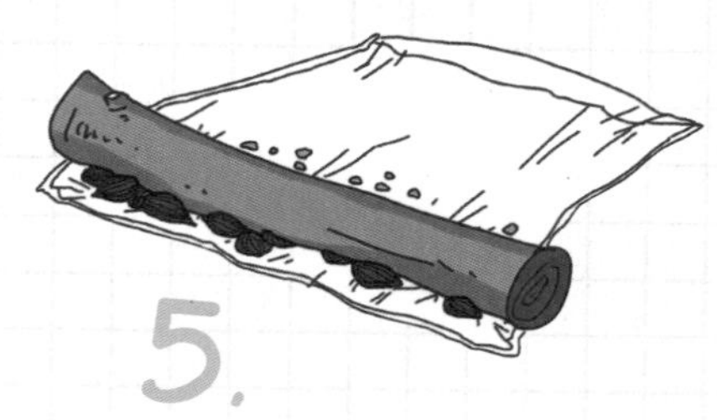

5. 用擀面杖将甜杏仁压成碎末，和黑芝麻一起倒到面团中。

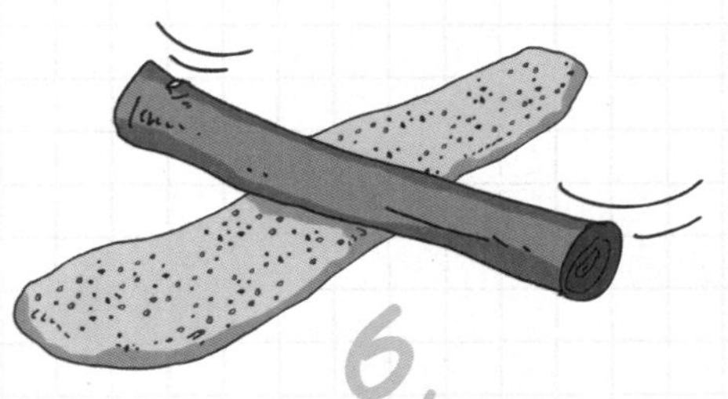

6.

用擀面杖将面团压扁成牛舌状。

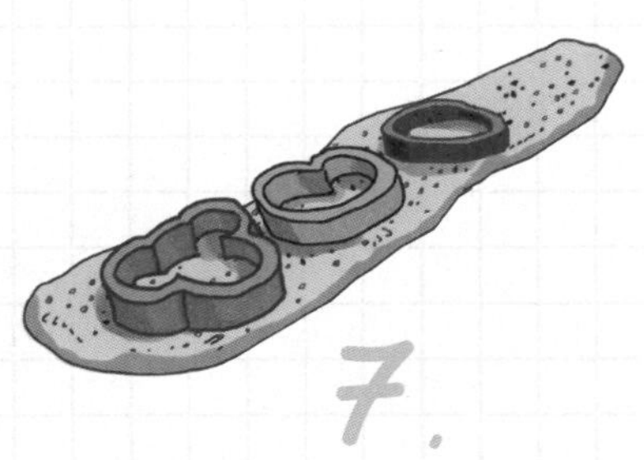

7.

用卡通模具将面饼制作各种形状。

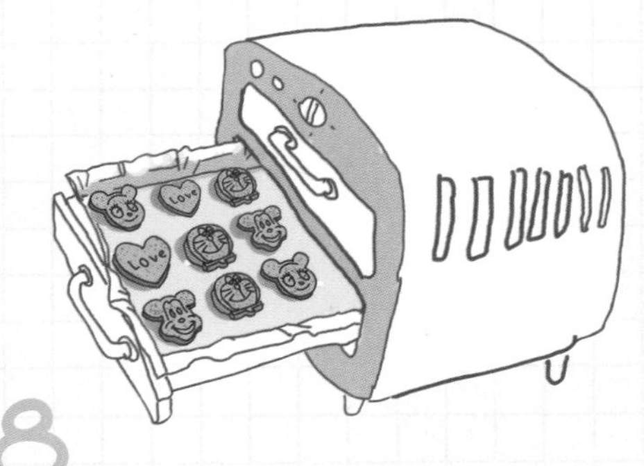

8.

放入预热好的烤箱中，以170℃烤约10分钟。

9.

拿出摆盘，作品完成。

亲手私厨小小心得

1. 干果的营养丰富，可视宝宝的品味，将甜杏仁换为其他的干果。
2. 每台烤箱的功率不一样，时间和温度仅供参考。

鲜虾瓜密达，打开童年的想象力。

让宝宝痛快地玩耍

展开想像力，假装虾和瓜在一个party偶遇，用顽皮的食物形态，给孩子一顿有故事的晚餐。

今日私房

鲜虾瓜密达

没有试过虾和哈密瓜的搭配？没关系，试试这款鲜虾瓜密达，它能让你和孩子一起打破思维的局限，其含有的营养成分可以消除疲劳，艳丽的色彩又何尝不是一次美的视觉享受呢？

有了他，怎么玩，都不累

虾富含维生素A，钙含量也较高，具有丰富的营养价值。富含B族维生素的哈密瓜也来报到，虾和瓜的强大组合可以让宝贝快速消除疲劳，增强体质，就让宝宝痛快地玩耍吧！

补血解疲

哈密瓜含蛋白质、膳食纤维、胡萝卜素、果胶、糖类、维生素A、B族维生素、维生素C、磷、钠、钾等。食用哈密瓜对人体造血机能有显著的促进作用，可以作为预防贫血的食疗之品。

美味可口的“绿色食品”

一般我们所购买的瓶装沙拉酱是由植物油、鸡蛋黄和酿造醋，再加上调味料和香辛料等调制而成。其中植物油在欧洲多是用橄榄油，而在亚洲一般是使用大豆色拉油。油类与鸡蛋黄经充分搅拌后，发生乳化作用，就成了美味可口的沙拉酱。而少量醋主要起抗菌作用，因而优质沙拉酱中一般不含防腐剂，可算做一种“绿色食品”。

Nutrition 小碗营养点

搞定一道美食 只要10分钟

材料 Ingredients

鲜虾6只

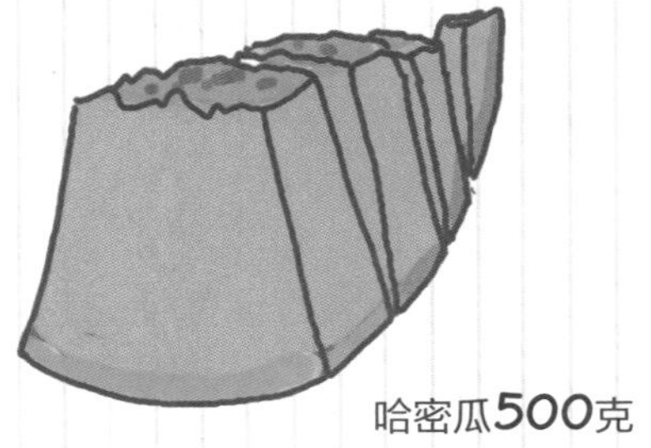

哈密瓜500克

沙拉酱适量

1.

洗净鲜虾，放入清水中煮。

2.

把煮熟的鲜虾捞起来晾干水。

3.

将虾去头尾和壳。

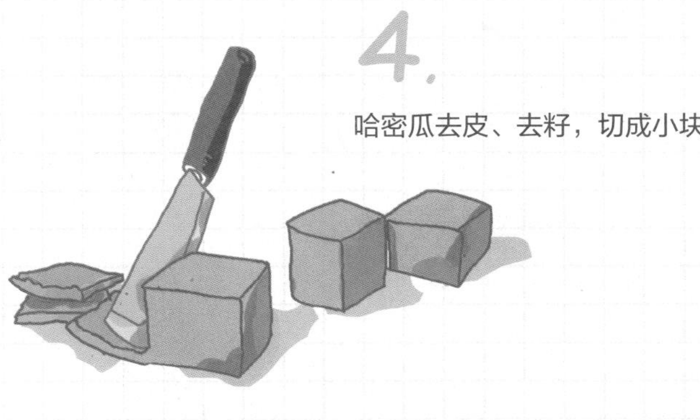

4.

哈密瓜去皮、去籽，切成小块。

5.

用餐签将虾与哈密瓜串起来，抹上沙拉酱即可。

1. 选购新鲜的虾。
2. 哈密瓜块可选用模具制作成不同的形状，搭配葡萄或涂上其他的酱汁也是很美味的！

一道有趣的绵羊曲奇，让淘气的孩子像小绵羊一样温顺。

让孩子变温顺

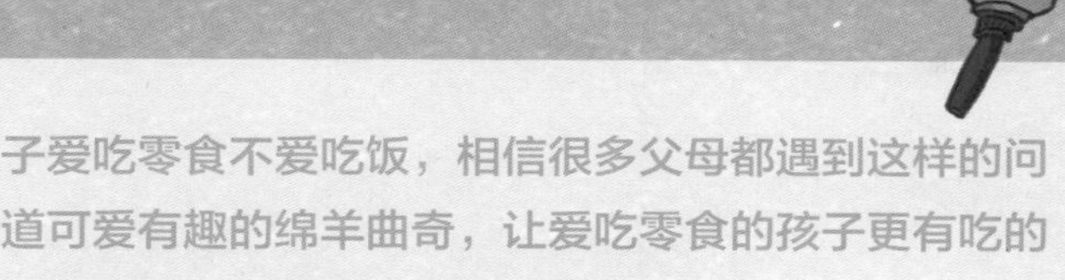

小孩子爱吃零食不爱吃饭，相信很多父母都遇到这样的问题。来一道可爱有趣的绵羊曲奇，让爱吃零食的孩子更有吃的欲望，同时又益于身体对营养元素的吸收。

绵羊曲奇

巧克力酱+低筋面粉+巧克力粉+黄油做成一只只可爱的小绵羊曲奇饼干，爱吃零食的孩子自然挡不住诱惑，同时又促进身体吸收营养。

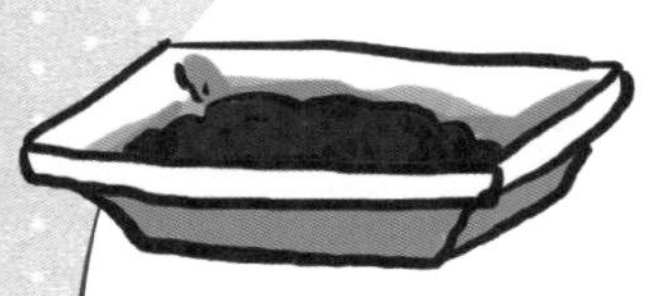

补充能量

巧克力粉中含有维生素B_2，及钾、镁、钙、铁等元素，能快速的补充能量，还能刺激大脑中的快乐中枢，使人变得快乐。但由于能量太高，所以需控制食用量。

补充维生素A

鲜奶油适合缺乏维生素A的成人和儿童食用。但由于奶油的脂肪含量很高，所以还是少吃为宜。

多重营养元素

面粉中所含营养物质主要是淀粉，其次还富含蛋白质、脂肪、维生素、矿物质等元素，有养心益肾、健脾厚肠、除热止渴的功效。

Nutrition 小碗营养点

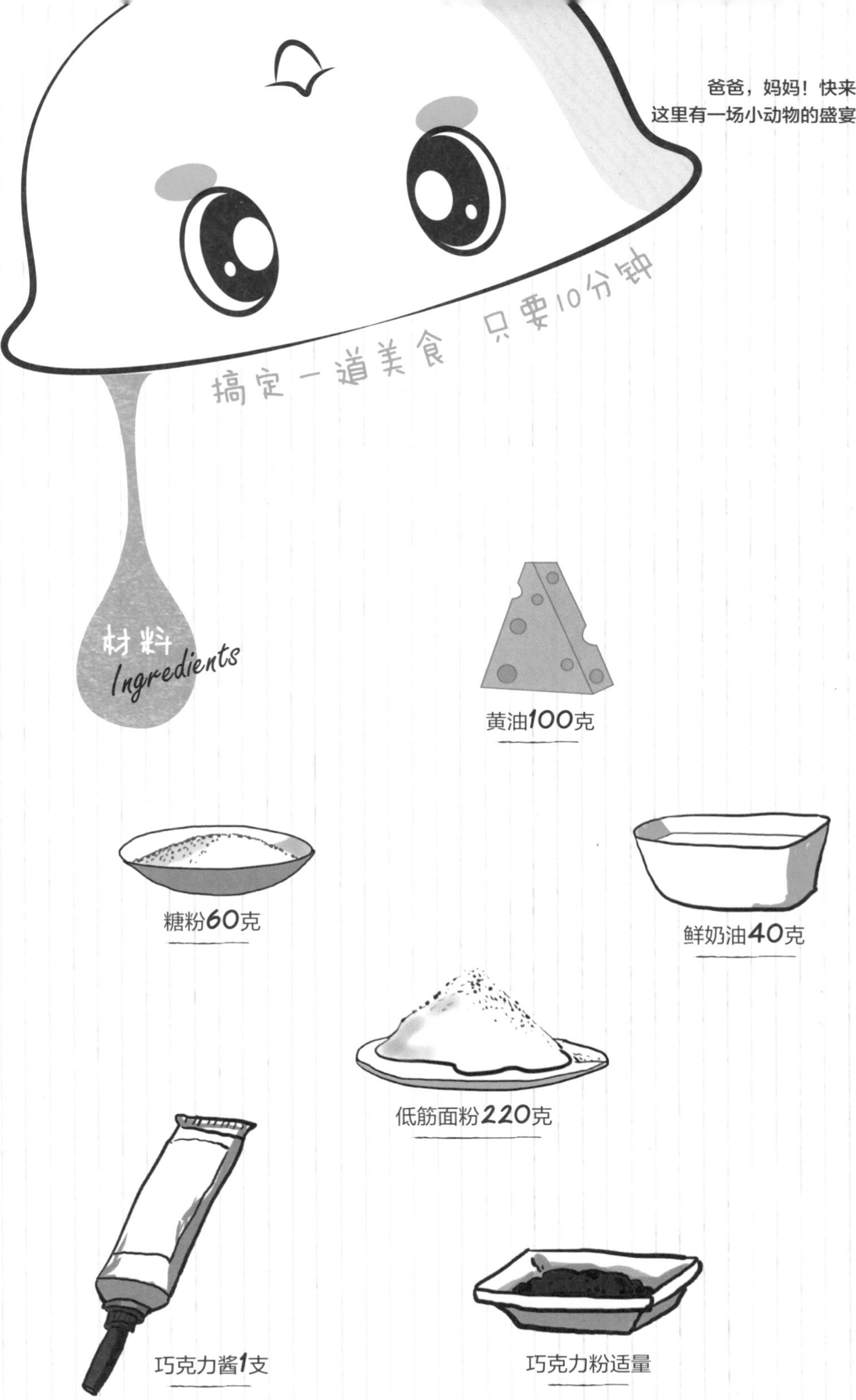
搞定一道美食 只要10分钟
材料
Ingredients
黄油100克
糖粉60克
鲜奶油40克
低筋面粉220克
巧克力酱1支
巧克力粉适量

把黄油放到碗里隔热水融化。

将淡奶油和糖粉放入到融化了的黄油碗里，进行搅拌。

再把低筋面粉用过滤器过滤，放入步骤**2**中的混合物中进行搅拌，成面糊。

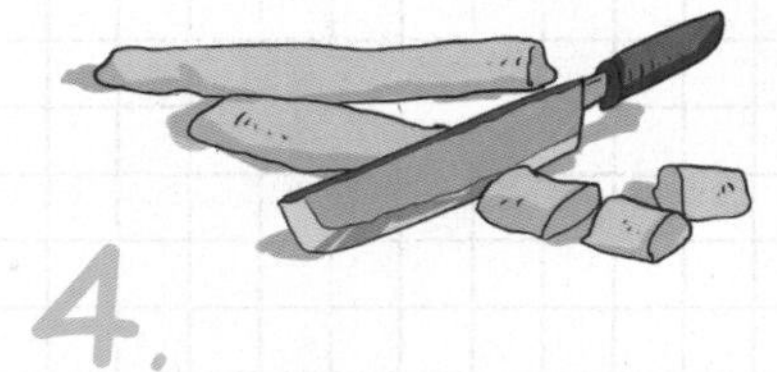

将面糊用手捏成长条形，然后用刀切成每份7克的小块。

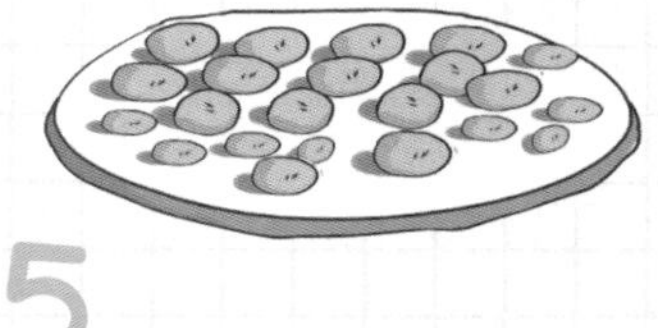

用手捏成大小不一的椭圆形。

给小的椭圆形面团加入巧克力粉，覆盖表面。

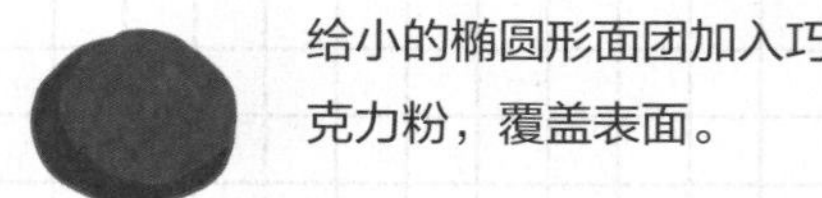

7.

将3个巧克力粉小面团与3个大面团如图捏到一起，面团与面团之间用双手粘接紧。

8.

在中间的大面团上挤上巧克力酱作为小绵羊的眼睛。

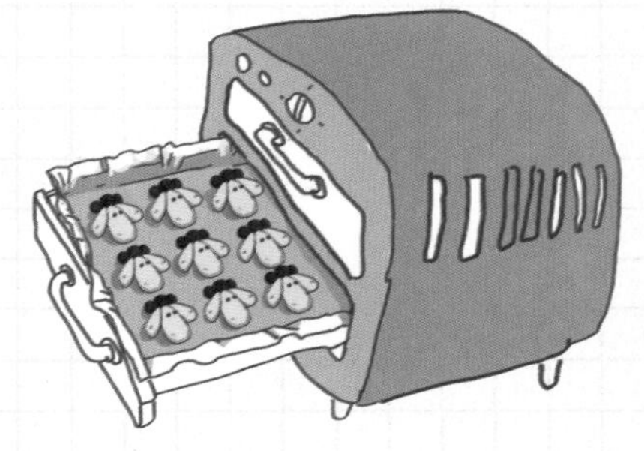

9.

放到预热好的烤箱里烤熟。

10.

作品完成。

亲手私厨
小小心得

1. 7克的主面团已经是一般曲奇的大小，不需要再做得太大。
2. 由于小羊是拼接组成，组合的时候要紧密些，烘培后才不至于分离而影响外观。

身怀绝技的小恐龙，让孩子吃掉它，清爽整个夏天。

小恐龙御“暑”于门外

面对炎炎夏日，爸爸妈妈可要预防孩子上火和中暑。一道酸酸甜甜的蓝莓酱豆腐，去暑又降火，将夏天带来的“麻烦”抵御在身体之外，让孩子愉快地度过整个夏天。

今日私房

蓝莓酱豆腐

蓝莓+南瓜+豆腐的创新组合，将具有清热润燥功效的3大食材集聚起来，有效防御夏日带来的“火”和“暑”，酸酸甜甜的味道，很适合孩子的口味。

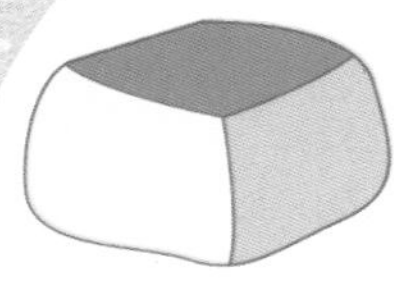

有益骨骼生长

豆腐的营养价值较高，除具有补充营养、帮助消化、增进食欲的功能外，对牙齿、骨骼的生长发育也颇为有保护作用，同时还可增加血液中铁的含量。

护眼之星

蓝莓果实中的花青素对眼睛有良好的保健作用，能促进视网膜上视红素的再合成，可减轻眼部疲劳及提高视力，还有加速视紫质再生的功效。

促进发育

南瓜中含有的丰富的锌和胡萝卜素，可参与人体内核酸、蛋白质合成，是肾上腺皮质激素的固有成分，为人体生长发育所需的重要物质。

Nutrition 小碗营养点

搞定一道美食 只要10分钟

材料 Ingredients

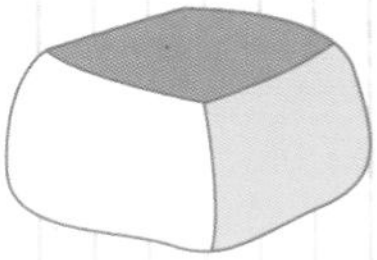

豆腐1块

南瓜1个

酸奶1瓶

蓝莓适量

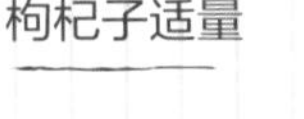

枸杞子适量

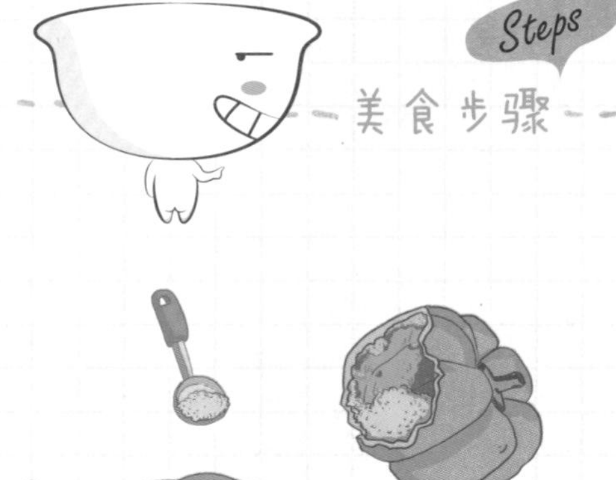

1. 切开南瓜，去籽、去瓤，把南瓜肉挖到碗里。

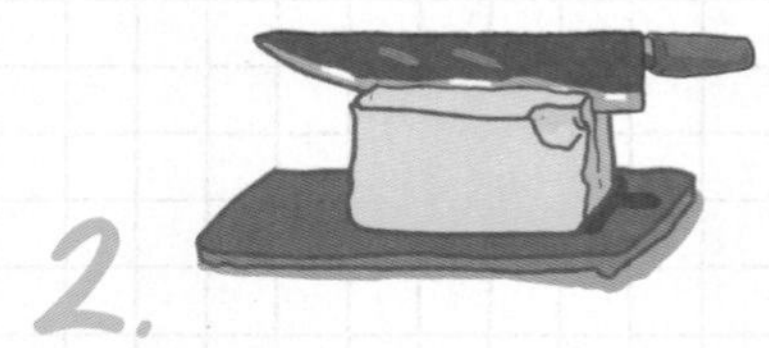

2. 把豆腐轻轻切开。

3. 然后把枸杞子、豆腐、南瓜放到锅里蒸熟。

4. 蒸熟后，把枸杞子放到南瓜里搅拌均匀。

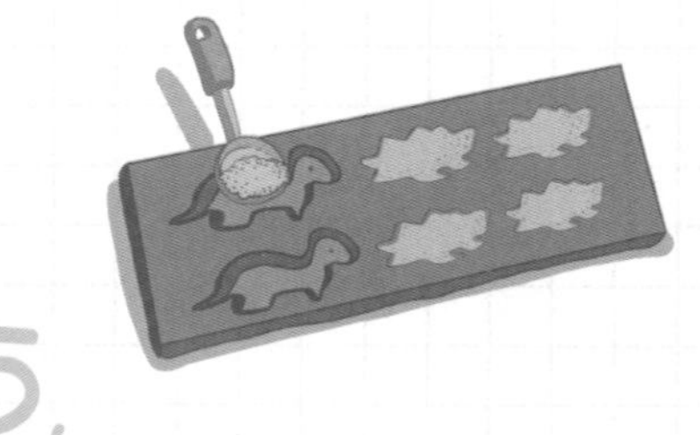

5. 用勺子舀出南瓜、枸杞子混合物，然后放到模具里压实，制作出可爱的恐龙模型。

6. 把洗净的蓝莓和酸奶放到搅拌机里，打成酱汁，装碗。

7.

把酱汁淋到豆腐上。

8.

把制好的小恐龙模型放到豆腐上，作品完成。

亲手私厨小小心得

1. 在模具内抹一层油，这样压实后才容易脱模。
2. 蓝莓酱容易氧化，做好后要尽快吃完。

"熊孩子"，这次吃饭真不"熊"了。

“熊孩子”不“熊”

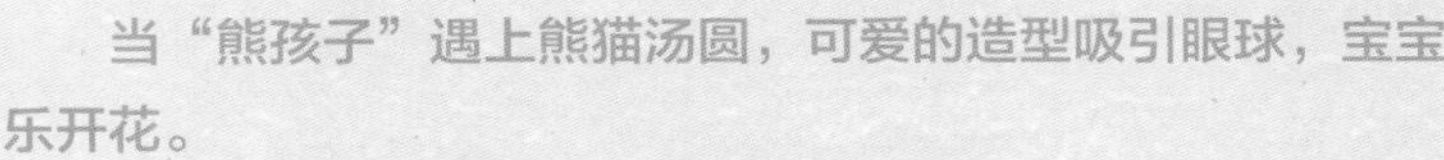

当“熊孩子”遇上熊猫汤圆，可爱的造型吸引眼球，宝宝乐开花。

今日私房

熊猫圆子粥

有些孩子并不怎么喜欢豆类，因为豆类有一股豆腥味。把赤小豆和可可粉一起做成熊猫圆子粥，其可爱的外表可以转移宝宝的注意力，忽视豆类的特殊味道，而其中富含的多种营养素可以让孩子的身体棒棒的哟！

吃赤小豆，一顶十

赤小豆中含有丰富的蛋白质、脂肪、糖类、B族维生素、钾、铁、磷等，可帮助宝宝调节好肠胃健康，增进食欲，妈妈再也不用担心宝宝挑食了。赤小豆含有较多的皂角苷，能起到清热解毒的作用。

甜甜的去火佳品

冰糖可以增加甜度，中和多余的酸度，它还是和菊花、枸杞子、山楂、红枣等配合的极好调味料，是入肝和肺经的优良食材。中医认为冰糖具有润肺、止咳、清痰和祛火的功效，也是泡制药酒、炖煮补品的辅料。由于冰糖较容易吸水受潮，因此应放置于阴凉通风处保存。

温补强壮食品

糯米粉含有蛋白质、脂肪、糖类、钙、磷、铁、维生素B_1、维生素B_2、烟酸及淀粉等，营养丰富，具有补中益气、健脾养胃、止虚汗的功效，对脾胃虚寒、食欲不佳、腹胀腹泻有一定缓解作用。

Nutrition 小碗营养点

搞定一道美食 只要10分钟
材料
Ingredients
赤小豆200克
可可粉少许
冰糖50克
水80毫升
糯米粉100克

Steps 美食步骤

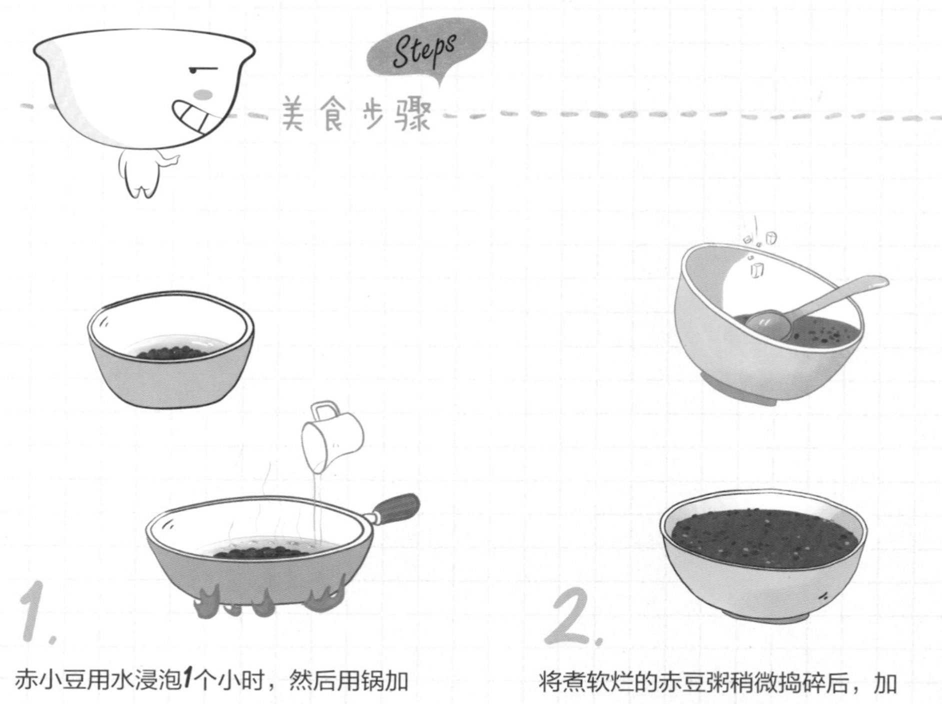

1.

赤小豆用水浸泡1个小时，然后用锅加适量清水将赤小豆煮到软烂。

2.

将煮软烂的赤豆粥稍微捣碎后，加20克冰糖，做成冰糖赤豆粥。

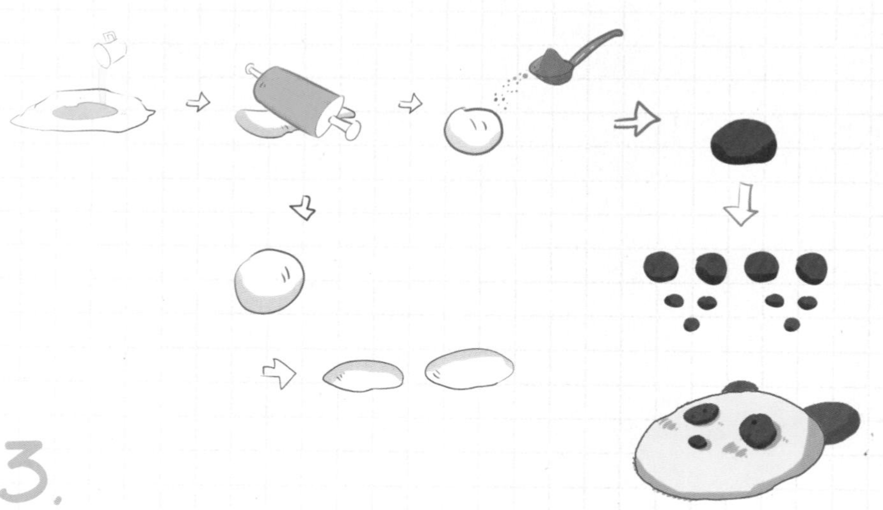

3.

糯米粉加适量水，用擀面杖揉成面团。取一小块加入可可粉再次揉成可可粉面团。剩下的白色糯米面团平均分成2份，分别揉成扁圆形；可可粉面团分成大小不一的几份，分别做成熊猫的耳朵、眼睛和鼻子，贴在白色面团上，贴可可面团时，切记贴紧，防止煮水的过程中掉落。熊猫面团制成。

4.

所有熊猫面团做好后，用沸水煮2分钟，捞出来，过一下冷水。最后在冰糖赤豆粥里加入熊猫面团即可。

亲手私厨
小小心得

1. 为了方便，可以买现成的汤圆回来，只需要做一点点可可糯米团，普通的汤圆就摇身一变，变成可爱的熊猫汤圆了。
2. 可可粉最好用纯黑可可粉，这样做出来的熊猫才更漂亮，如果是普通的可可粉，做出来的就是巧克力颜色的。

Chapter 2

耶！

又可以去郊游啦！

精致小寿司，满满的营养和食欲，让孩子胃口大开。

把孩子的营养和食欲打包

如何让孩子不挑食，从而获取更多营养？如何让孩子有好食欲，从此爱上吃饭？就用可爱、美味的寿司将这些难题解决，用精致美味的寿司让孩子胃口大开吧。

Today's Specialty

今日私房

精致儿童寿司

这个寿司可不是我们常见到的普通寿司哦！它小巧可爱，孩子可以一口一个。胡萝卜+鸡蛋+黄瓜，红、黄、绿三色相映，极大地勾起孩子的食欲。

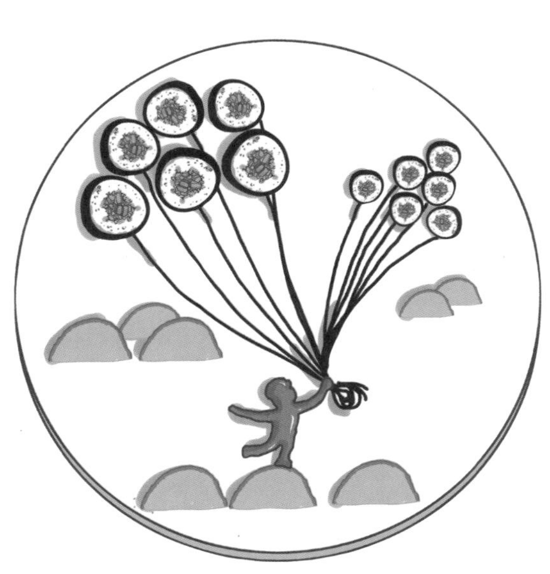

增强免疫力

紫菜营养丰富，其蛋白质含量超过海带，并含有较多的胡萝卜素和核黄素，可以提高机体的免疫力。

健脑安神

黄瓜富含蛋白质、糖类、维生素B_2、维生素C、维生素E、胡萝卜素和钙、磷、铁等营养成分。

益肝明目

胡萝卜中含有大量的胡萝卜素，这种胡萝卜素分子结构相当于2个分子的维生素A，维生素A是骨骼正常生长发育的必需物质，有助于细胞增殖和生长，是机体生长的要素，对促进宝宝生长发育具有重要意义。

Nutrition 小碗营养点

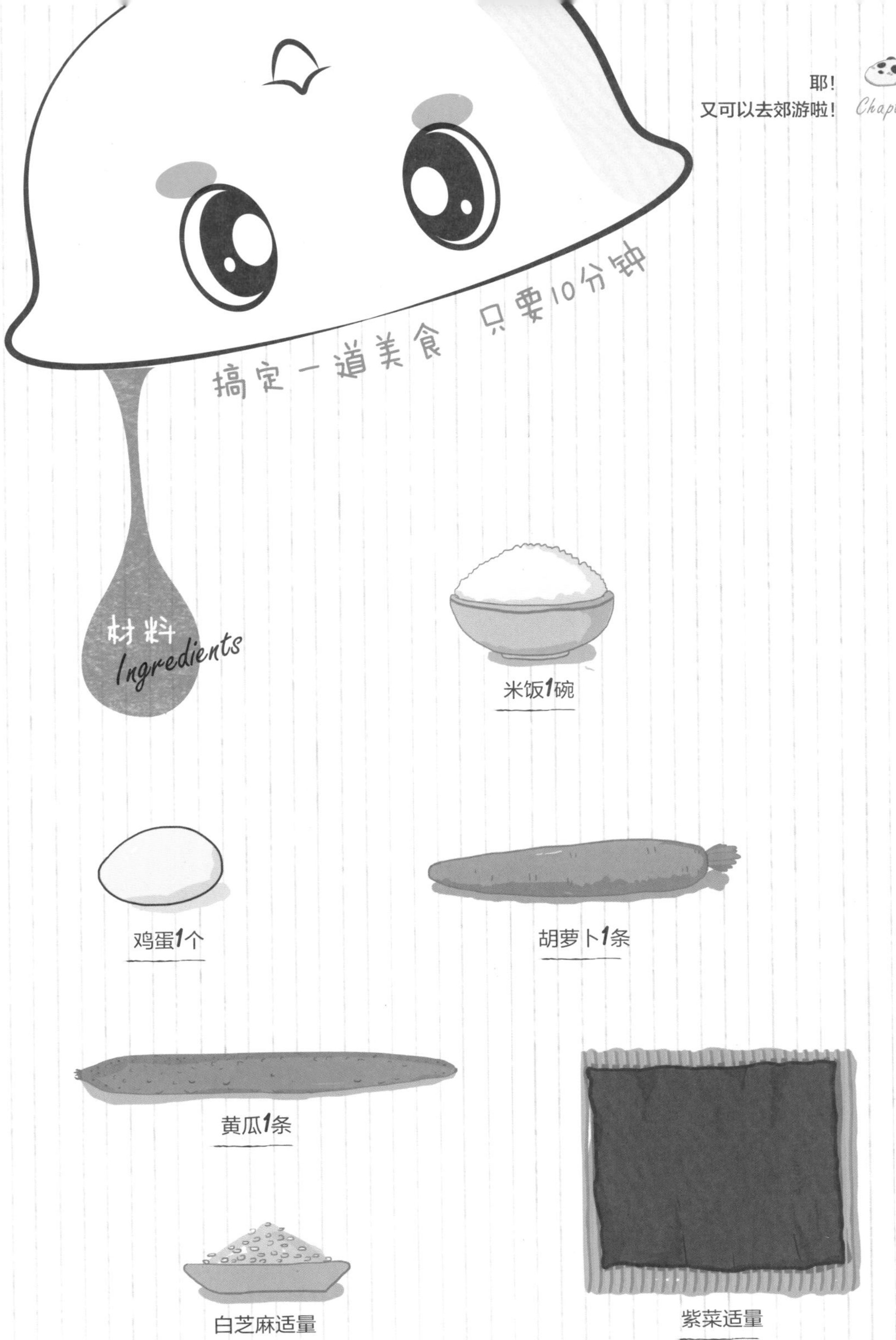
搞定一道美食 只要10分钟
材料
Ingredients
米饭1碗
鸡蛋1个
胡萝卜1条
黄瓜1条
紫菜适量
白芝麻适量

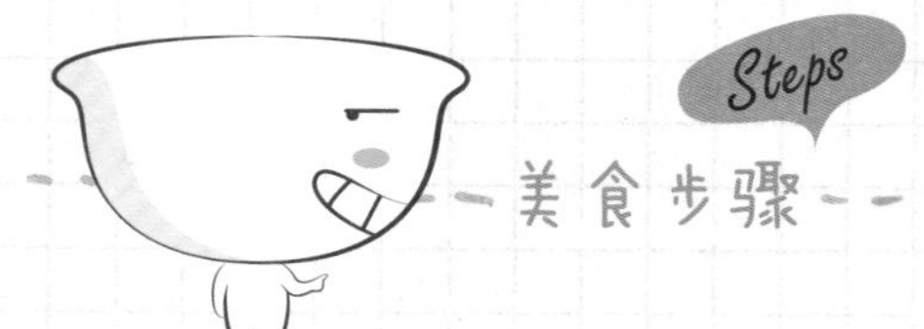

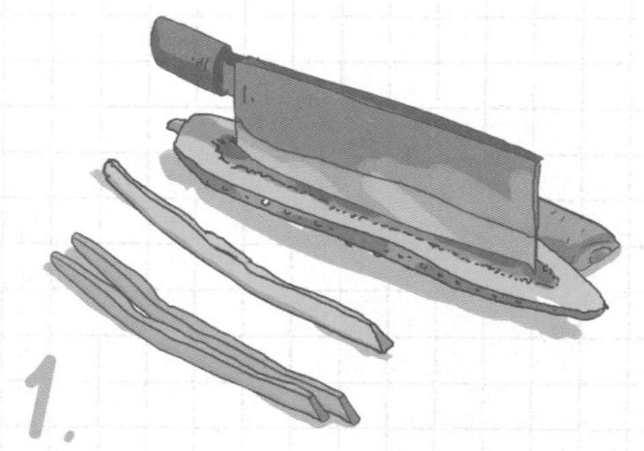

先把黄瓜、胡萝卜洗净，切成长条。

把切好的黄瓜、胡萝卜放入锅中煮熟。

把鸡蛋打成蛋液倒入油锅中，摊成蛋饼，煎熟。把煎好的鸡蛋饼切成长条。

把煮好的米饭放入碗中，拌入适量的白芝麻，搅拌均匀。

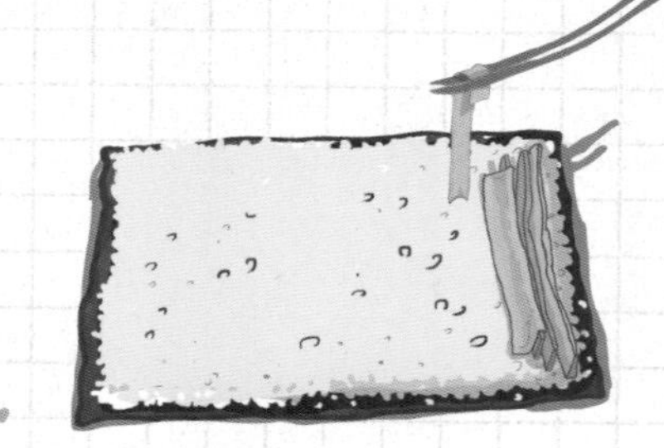

先把饭放到紫菜上，再把准备好的胡萝卜、黄瓜、鸡蛋条放进去。

6.

把紫菜卷起来，然后切成小块寿司。

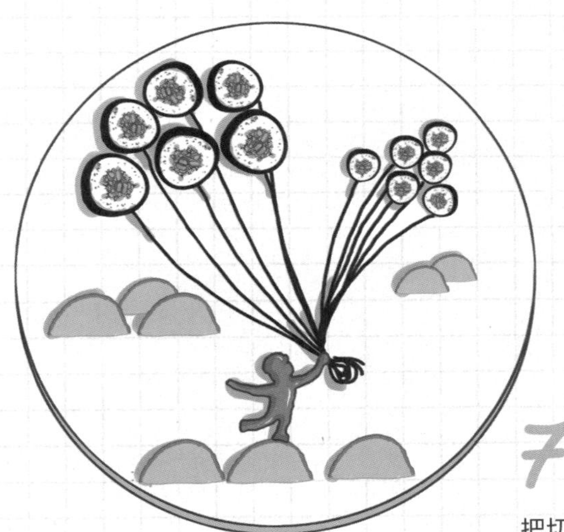

7.

把切好的寿司、黄瓜，以及紫菜丝、胡萝卜片摆成可爱的宝宝拿着气球的造型，作品完成。

亲手私厨小小心得

1. 紫菜一定要卷小一点，这样切出来才够小，刚好宝宝食用。
2. 黄瓜、胡萝卜要切得细条一点，便于孩子食用。

学会包容，他会让你看到美好的另一面！

包容

包容孩子的调皮，包容孩子无理的哭闹，包容他做过的很多你“不喜欢”的事，学会包容，他会让你看到美好的另一面！

今日 私房

甜椒包蛋

彩椒包住了鸡蛋，它们相互告诉对方：“我们的组合，营养更丰富。”

营养那么多，健康更不少

彩椒含有B族维生素、维生素C、钙、磷、铁等多种营养物质，维生素C含量是蔬菜中最高的。鸡蛋富含蛋白质、卵黄素、卵磷脂，二者“携手”为宝宝补充充足的营养。

促进发育，增强记忆力

鸡蛋黄中的卵磷脂、甘油三酯、胆固醇和卵黄素，对神经系统和身体发育有很大的作用，可增强机体的代谢功能和免疫功能。卵磷脂被人体消化后，可释放出胆碱，胆碱可增强宝宝的记忆力。

促进食欲好帮手

彩椒富含多种维生素及微量元素，有消暑、补血、消除疲劳、预防感冒和促进血液循环等功效。彩椒主要有红、黄、绿、紫四种，其果大肉厚，甜中微辛，汁多甜脆，色泽诱人，可促进食欲、帮助宝宝消化。

Nutrition 小碗营养点

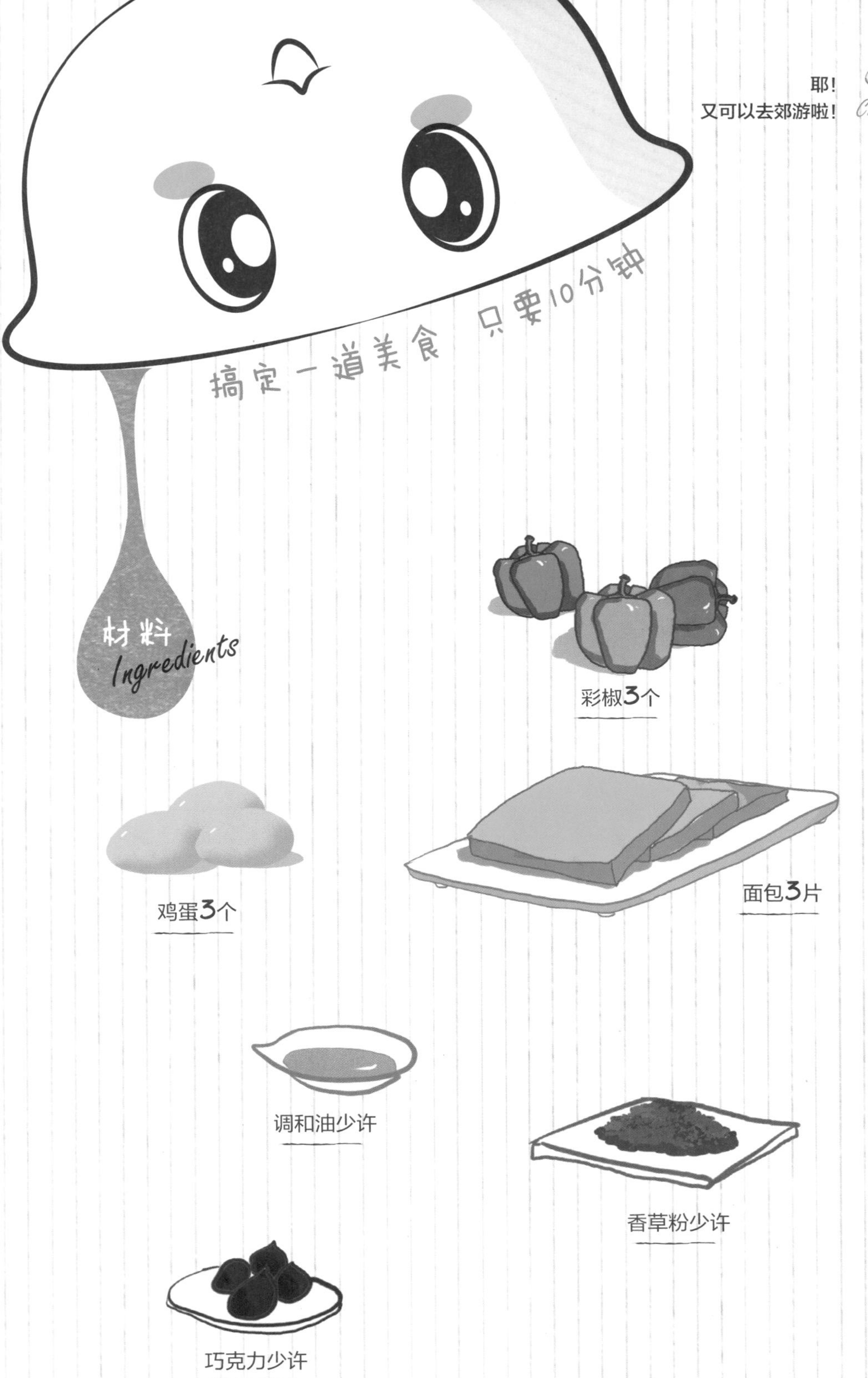
搞定一道美食 只要10分钟
材料
Ingredients
彩椒3个
鸡蛋3个
面包3片
调和油少许
香草粉少许
巧克力少许

1.

把3个彩椒洗净，每个切出厚度1厘米左右的彩椒圈，如上图所示。

2.

开小火，在锅中倒上少许油，把彩椒圈放入锅中，然后把鸡蛋打入彩椒内。

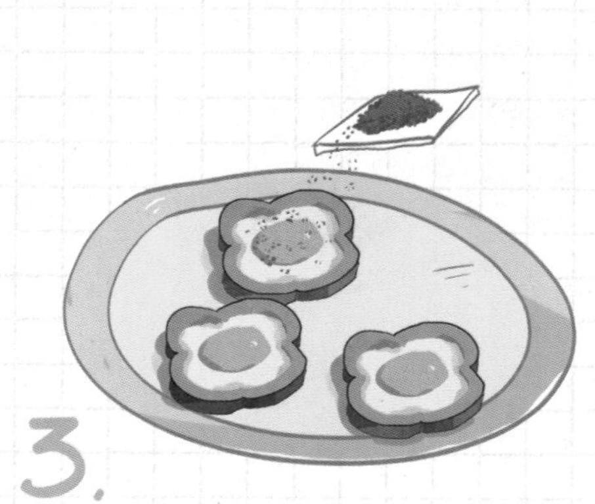

3.

待彩椒鸡蛋煎熟后，即可上碟，然后撒上香草粉。

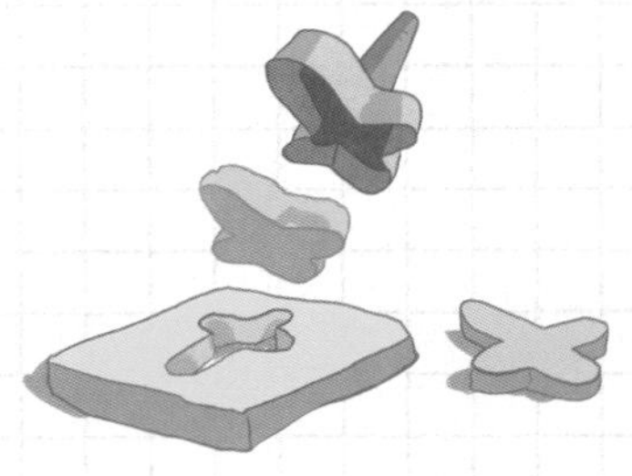

4.

用模具将面包切出小飞机图案，再用巧克力做出小飞机的眼睛，放在彩椒旁边，作品完成。

亲手私厨 小小心得

1. 切彩椒时不要切得太薄，不然鸡蛋会溢出来，而且切口尽量要平，这样彩椒鸡蛋跟平底锅空隙比较小，蛋液不易流出。
2. 放入鸡蛋时，最好将蛋清蛋黄分离，先放蛋黄再放蛋清，这样蛋黄熟得快一些。

如何让宝宝快快长高

让宝宝快长高！

太阳当空照，树儿对我笑！
妈妈说，早早早！
快点吃饭长得高！

今日私房

小太阳盆栽酸奶

酸奶+巧克力+饼干做成一个个小盆栽，给孩子带来了无限春意，浓浓的大自然气息也给宝宝注入了不少活力呢！宝宝胃口大开，自然长得快、长得高。

补钙促长高

酸奶是含钙较多的奶制品，是宝宝补钙的良好选择，而且这些钙极易吸收，妈妈想让宝宝快快长高，可不要错过这道早点哦！酸奶中的乳酸菌对宝宝的身体也有很好的保健作用。

提高食欲

酸奶由纯牛奶发酵而成，除保留了鲜牛奶的全部营养成分外，在发酵过程中乳酸菌还可产生人体营养所必须的多种维生素。酸奶有促进胃液分泌、提高食欲、促进消化的功效。

美味调味酱

巧克力酱是一款美味调味酱，主要原料有可可粉、牛奶等，既可以作为一种甜品食用，也可作为调味酱搭配面包等来食用。

Nutrition 小碗营养点

搞定一道美食 只要10分钟

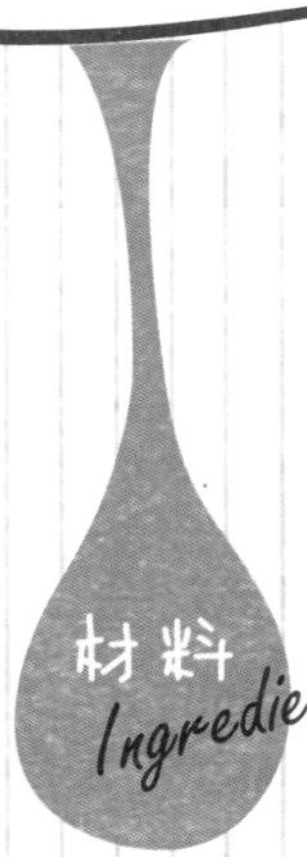

材料 Ingredients

酸奶2～4瓶

夹心饼干9个

薄荷叶适量

黑巧克力酱1支

Steps

美食步骤

1.

将酸奶分别倒入两个容器中，至满。

2.

在其中一个已经定型的酸奶上用黑色巧克力酱画出一个圆圈，圆圈周围画上锯齿状，最后在圆圈里画上眼睛和嘴巴，就完成太阳酸奶了。

3.

接着制作盆栽酸奶，将夹心饼干放入搅拌机打碎。

4.

把饼干碎均匀地铺满在酸奶上。放上薄荷叶装饰，就完成盆栽酸奶了。

5.

小太阳酸奶和盆栽酸奶完成。

亲手私厨 小小心得

除可以使用购买来的酸奶，也可以自己自制酸奶，制作酸奶时要非常注意温度的控制，很多酸奶制作中必须的乳酸菌的发酵温度都有相应的温度范围。经过多次试验，鲜牛奶加热至80℃左右效果最佳。

高效“杀虫菜”，让宝宝远离寄生虫，身体棒棒滴。

高效“杀虫菜”，让宝宝远离寄生虫

很多孩子都会有蛔虫病、鞭虫病的烦扰。来一道鲜滑的紫薯木瓜冻，不管是肚子里的绦虫、蛔虫、鞭虫，还是其他寄生虫都可以通通消灭。

今日私房

紫薯木瓜冻

紫薯+木瓜+椰浆+鱼胶片做成紫薯木瓜冻，它们就像在波浪中行驶的小船，色彩丰富艳丽，口感鲜嫩细滑，并具有很好的抗寄生虫效果。

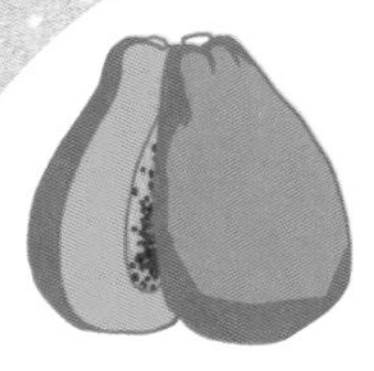

抗寄生虫

木瓜中含有一种酵素，能帮助人体消化吸收蛋白质，能有效改善人体消化吸收功能，番木瓜碱和木瓜蛋白酶具有抗结核杆菌和抗绦虫、蛔虫、鞭虫等寄生虫的作用。

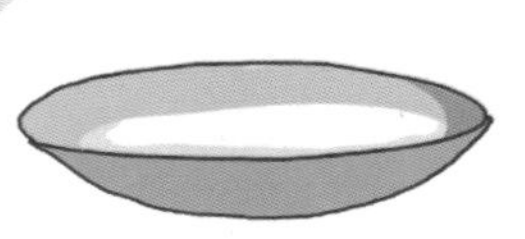

杀虫消疳

椰肉及椰汁均有杀灭肠道寄生虫的作用，饮椰汁或食椰肉均可驱除姜片虫和绦虫。医学临床发现，椰浆疗效可靠，且无毒副作用，是理想的杀虫消疳食品。

促进胃肠蠕动

紫薯富含膳食纤维，可增加粪便体积，促进肠胃蠕动，清理肠腔内滞留的黏液、积气和腐败物，排出有毒物质，保持大便畅通，并能改善消化道环境，防止胃肠道疾病的发生。

Nutrition 小碗营养点

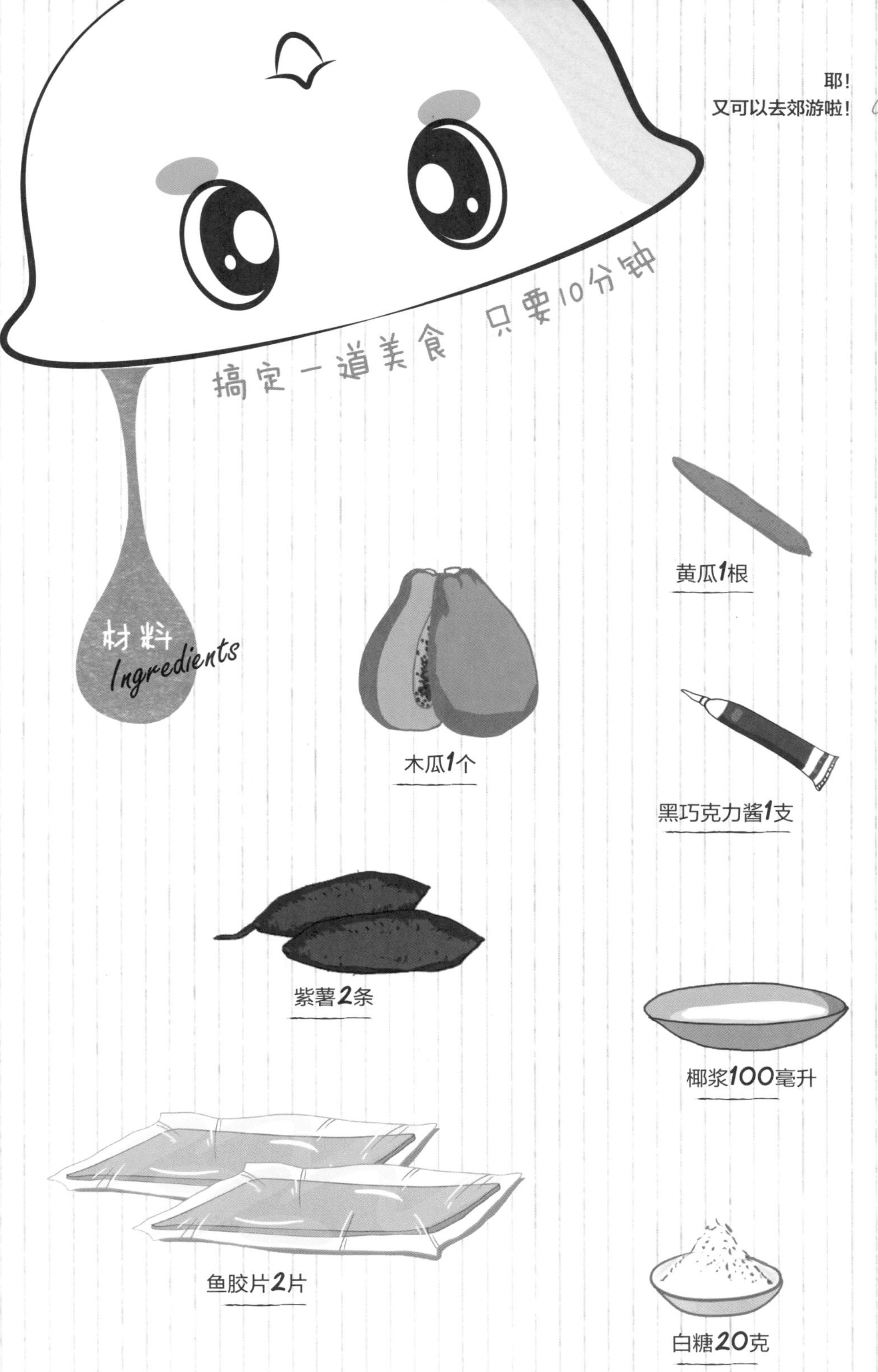
搞定一道美食 只要10分钟
材料
Ingredients
木瓜1个
黄瓜1根
黑巧克力酱1支
紫薯2条
椰浆100毫升
鱼胶片2片
白糖20克

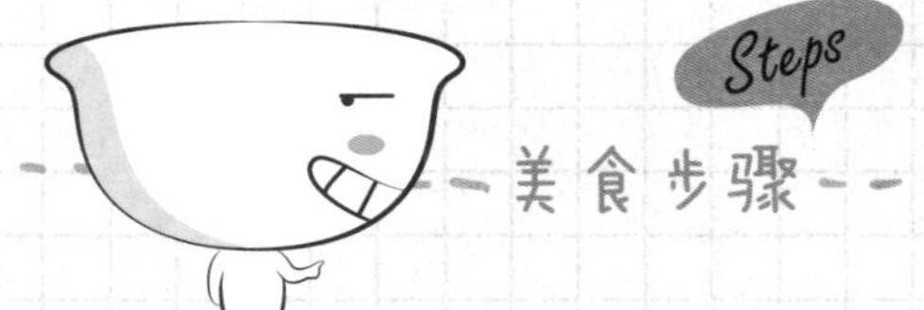

1.

把木瓜切半，然后用勺子把木瓜籽挖干净。

2.

鱼胶片用水泡在碗里。

3.

把紫薯洗净去皮切成小块，放到锅里蒸熟。

4.

锅里加热，倒入椰浆，加入适量的白糖，再加入泡好的鱼胶片搅拌均匀。

5.

将蒸熟的紫薯捣碎。

6.

用小勺子在捣碎了的紫薯里加入适量的椰浆。

7.

把适量的椰浆倒入其中一半木瓜中。

8.

把搅拌好的紫薯放进另一半木瓜。

9.

把制好的紫薯木瓜、椰浆木瓜放冰箱冷藏1个小时以上，然后取出切块。

10.

把青瓜洗净，切成如图船状，用黑巧克力酱如图挤出图案，摆盘，作品完成。

亲手私厨小小心得

1. 紫薯切成小块再去蒸，会熟得更快，而且捣碎的时候也更容易。
2. 紫薯木瓜和椰浆木瓜冷藏后更容易切块，口感也会好很多。

孩子体内有毒素，就用这份排毒“锦囊”。

给孩子排排毒

别看孩子还小，身体里也藏有毒素的，爸爸妈妈们可千万不要忽略了。用一道嫩滑的奶油火龙果，来守护孩子的健康吧，它能够促进孩子的胃肠消化，迅速将体内的毒素排出来。

今日私房

红白火龙冻

火龙果+酸奶做成红白火龙冻，视觉上极具诱惑力，能很好地吸引孩子的注意力。其具有的排毒功效也能帮助孩子排出体内毒素，让孩子更好地成长。

排毒卫士

火龙果中富含一般蔬果中较少有的植物性白蛋白，这种有活性的白蛋白会自动与人体内的重金属离子结合，然后通过排泄系统排出体外，从而起到排毒作用。

预防贫血

火龙果中的含铁量比一般的水果要高，铁是制造血红蛋白及其他含铁物质不可缺少的元素，因此摄入适量的火龙果可以预防贫血。

增食欲，助消化

酸奶含有多种有益菌，能促进胃液分泌，提高食欲，促进和加强消化。闷热的夏季，宝宝食欲不佳，而这道菜，既打开了宝宝的食欲，又容易消化吸收，让孩子愉快地度过夏天。

Nutrition 小碗营养点

酸奶1盒

红心火龙果1个

鱼胶片3片

白糖适量

纯净水适量

Steps 美食步骤

1. 将鱼胶片泡在凉水中软化。

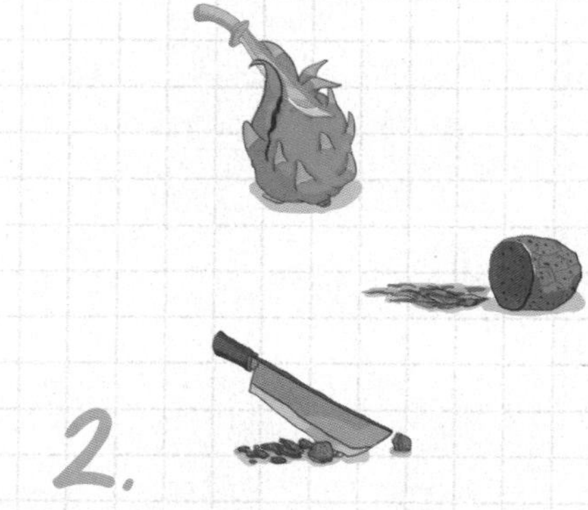

2. 将红心火龙果去皮切块。

3. 将火龙果块放入碗中搅拌，加入适量纯净水和白糖，搅拌均匀，成火龙果泥。

4. 将泡软的鱼胶片平均分成两份。

5. 将火龙果泥倒入一份鱼胶液中搅拌均匀，将酸奶倒入另一份鱼胶液中搅拌均匀。

6. 将酸奶鱼胶液或火龙果鱼胶液倒入瓶中约1/3的高度，放入冰箱冷藏至凝结。

7.

从冰箱中取出瓶子，在瓶中倒入另一种混合后的鱼胶液至2/3处的高度，放入冰箱冷藏至凝结。

8.

再取出瓶子，在瓶中倒入和第二层颜色不同的混合后的鱼胶液，放入冰箱冷藏至凝结，作品完成。

亲手私厨
小小心得

1. 为了加快凝结速度，倒入鱼胶液的过程可在冰箱冷冻室制作完成。
2. 不要用搅拌机搅碎火龙果，这样火龙果泥会呈现黑色，放在碗里搅拌效果会更好。

让孩子做个肌肉小达人吧！

肌肉小达人

爸爸妈妈们总担心：孩子会不会感冒？孩子会不会发育不良？孩子会不会健康成长……别再担心这么多了，海苔芝士饭团能够促进孩子骨骼发育，增长肌肉，让孩子拥有一个强健的身躯。

Today's Specialty

今日私房

海苔芝士饭团

牛肉能提高机体抗病能力，与海苔、芝士、大米搭配，能让孩子增长肌肉、增强体力，促进孩子健康发育。

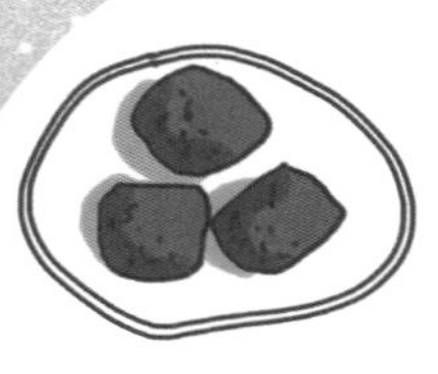

小小大块头

牛肉有补中益气、滋养脾胃、强健筋骨、化痰息风的功效，牛肉中肌氨酸的含量比其他食品都高，食用可有效增长肌肉、增强体力。

免疫大集合

海苔和大米的组合，具有增强细胞免疫和体液免疫的功能，可促进淋巴细胞转化，提高机体的免疫力。

最佳年龄段

芝士中的乳酸菌及其代谢产物对人体有一定的保健作用，可维持人体肠道内正常菌群的稳定和平衡。对于生长发育旺盛的3~6岁儿童来说，芝士是最好的补钙食品之一。

Nutrition 小碗营养点

搞定一道美食 只要10分钟

材料 Ingredients

大米200克

包菜叶适量

牛肉丸3个

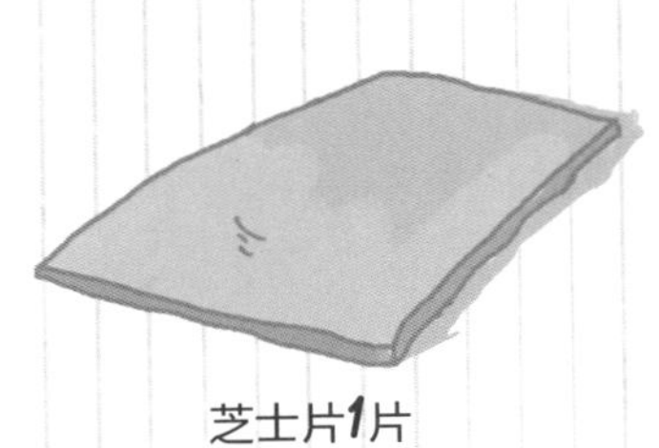

芝士片1片

海苔片3张

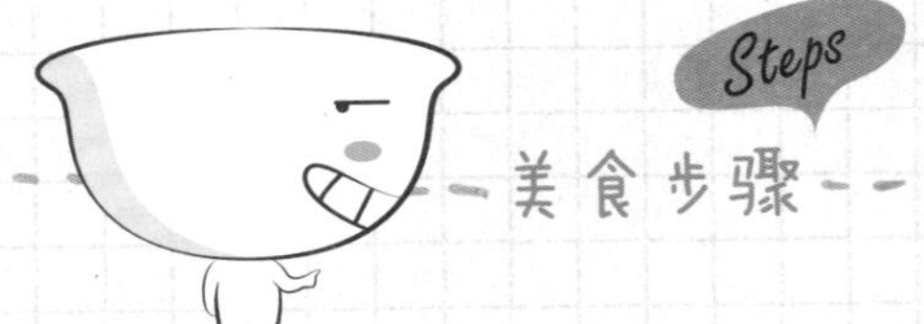

1.

将大米蒸成米饭，盛入碗中。

2.

放入适量的芝士片到煮熟的米饭中，搅拌均匀。

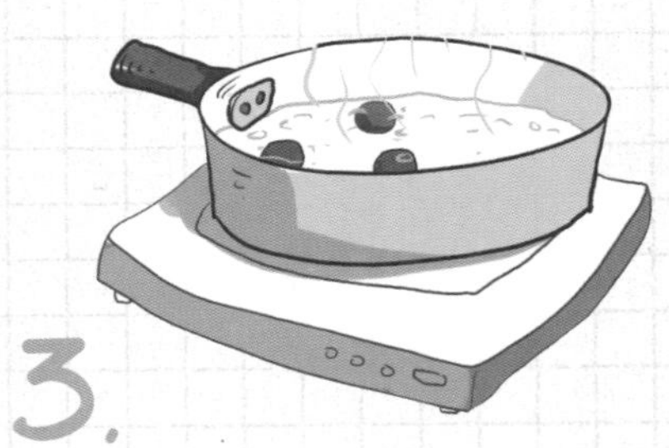

3.

将牛肉丸放进开水中煮熟，捞出晾凉。

4.

将煮熟后的牛肉丸切粒。

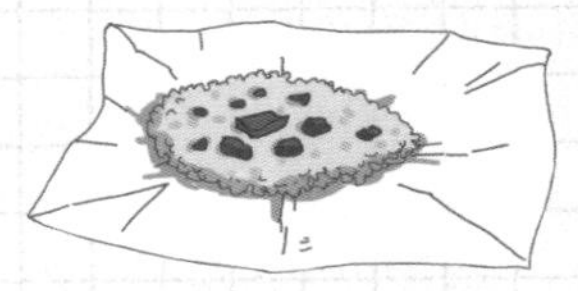

5.

将搅拌好的米饭取适量平铺在纸上，再加入牛肉丸粒，捏成饭团。

6.

将海苔片的四角分别剪开。

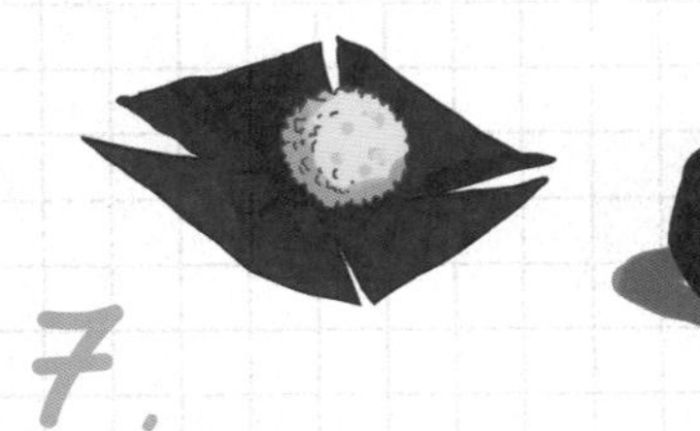

7.

用海苔片将饭团完整地包住。

8.

用剩余的芝士片切出细条、细粒。

9.

将芝士条，芝士粒贴到饭团上，如图做成笑脸。

10.

如图用包菜叶、圣女果摆盘，作品完成。

亲手私厨小小心得

1. 饭煮熟后，趁热拌入芝士片，如此米饭与芝士片才能更好地融合，口感更佳。
2. 如果家里的孩子喜欢酸味，可将芝士片换成番茄酱。
3. 家里的孩子如果超过6岁，牛肉丸可以不用切成粒，直接整个放入饭团中即可。

驾驭风浪，带上面包就够了！

驾驭

成长的道路上总会遇到挫折，
就像在大海里航行的帆船，
但只要在风雨中坚持，
就能驾驭风浪，驶向明天。

Today's Specialty

今日私房

营养帆船包

彩椒+蓝莓+黄瓜+奶酪+面包组合成一艘小帆船，多种颜色搭配，让孩子在畅想的同时激发出其无穷的食欲。几款营养特点不同的食材互相搭配，可以给宝宝打造一个良好的体质。

蔬菜们的营养说

黄瓜说：我的葫芦素C可以提高宝宝的免疫力。

蓝莓说：我的青花素可促进视网膜生成，预防近视。

彩椒说：我有开胃消食的功能。

妈妈说：别争了，一起吃更健康。

天然补钙食品

奶酪含有丰富的蛋白质、钙、脂肪、磷和维生素等营养成分，是纯天然的食品。就工艺而言，奶酪是发酵的牛奶；就营养而言，奶酪是浓缩的牛奶。由于奶酪加工工艺的需要，会添加钙离子，使钙的含量增加，易被人体吸收。

营养丰富的“水果皇后”

蓝莓果肉细腻，风味独特，酸甜适度，又具有香爽宜人的香气。蓝莓营养丰富，不仅富含常规营养成分，而且还含有极为丰富的黄酮类和多糖类化合物，因此被称为“水果皇后”和“浆果之王”。

Nutrition 小碗营养点

彩椒1个

蓝莓20克

黄瓜1条

奶酪2片

面包2片

1.

把2片面包对角切开。

2.

把彩椒洗净切成圈，然后切出海鸥的模样。

3.

黄瓜洗净切3片，挖籽，制作成3个救生圈。

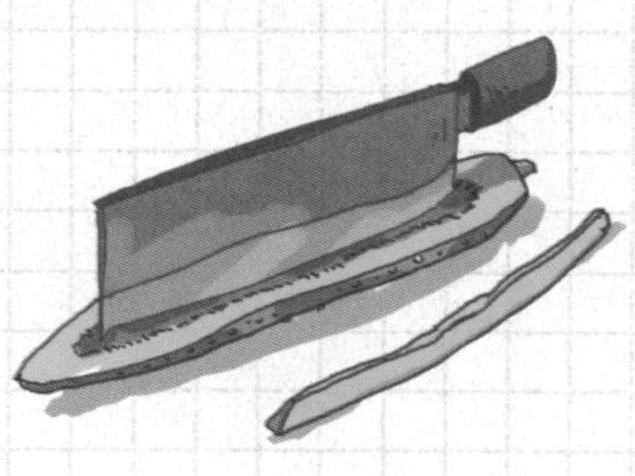

4.

将剩下的黄瓜切长条，制成1个桅杆。

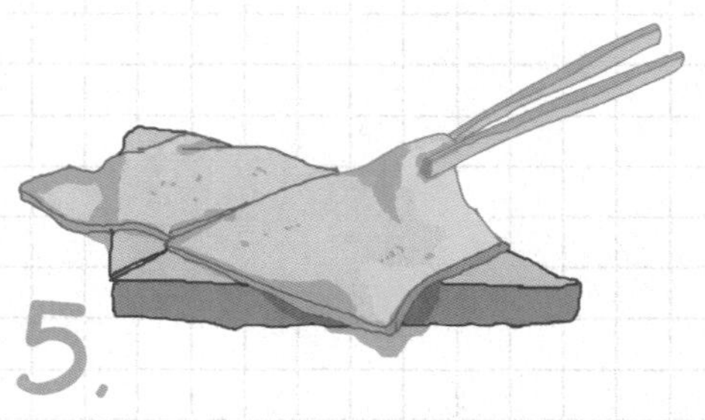

5.

把一片对角切开的面包拼成三角形，如图，把奶酪平铺在面包上。

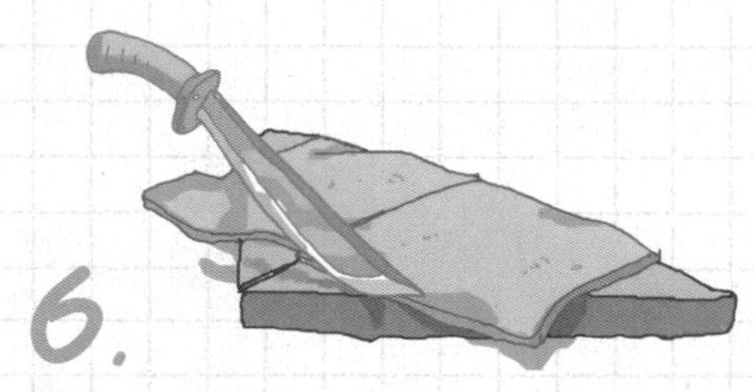

6.

把面包、奶酪多余的部分切掉，制成船底。

7.

如图把彩椒、面包片、面包奶酪片、黄瓜片、黄瓜条、蓝莓放入盘中摆成船状，作品完成。

亲手私厨
小小心得

如果小朋友不喜欢吃黄瓜和蓝莓，也可以根据个人口味放其他瓜果。

用一道美味给宝宝的肠道建立一道安全保护屏。

开心拉便便，赶走小魔鬼

排出体内的粪便，有利于宝宝的健康发育。孩子有便秘或者腹泻的情况，会引发很多问题，用一道可口的莲藕桂花糖，在增进孩子食欲的同时，还具有通便止泻的作用。

莲藕桂花糖

莲藕+山楂+桂花糖做成一朵美丽的花朵，仿佛蝴蝶在花丛中飞舞。桂花淡淡的清香，不仅香气十足，味道可口，还有治疗腹痛、腹泻的功效。

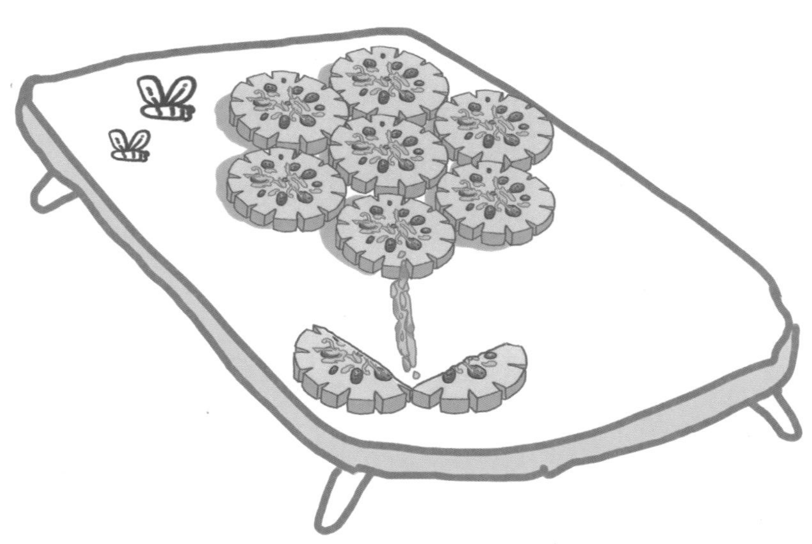

通便止泻

莲藕中含有黏液蛋白和膳食纤维，能与人体内的胆酸盐、食物中的胆固醇及甘油三酯结合，使它们能从粪便中排出，具有一定通便止泻作用，能增进食欲，促进消化。

抑制腹泻

山楂富含多种维生素、山楂酸、酒石酸、柠檬酸、苹果酸，以及蛋白质、脂肪和钙、磷、铁等矿物质，有平喘化痰、抑制细菌、治疗腹痛腹泻的作用。

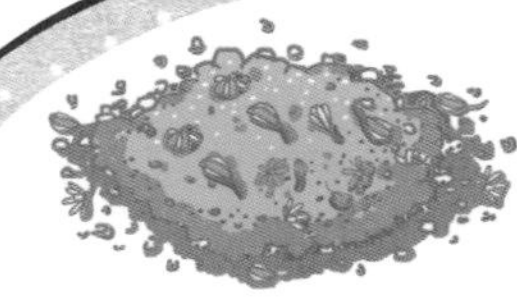

性温散寒

桂花性温、味辛，有温中散寒、暖胃止痛、化痰散淤的作用，对食欲不振、痰饮咳喘、经闭腹痛有一定的疗效。以桂花为原料制作的桂花糖，香气浓郁、味道可口。

Nutrition
小碗营养点

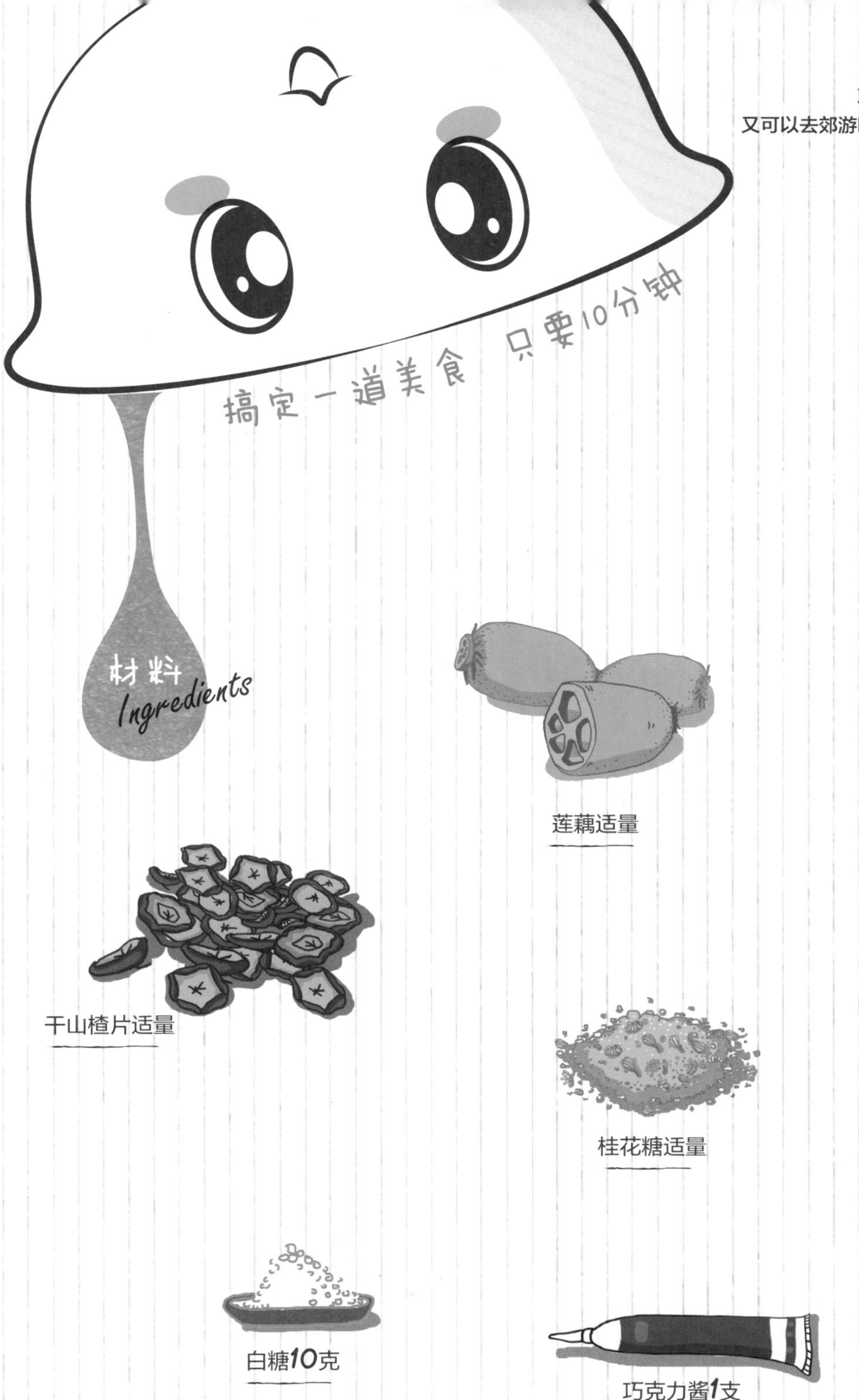
搞定一道美食 只要10分钟
材料
Ingredients
莲藕适量
干山楂片适量
桂花糖适量
白糖10克
巧克力酱1支

Steps

美食步骤

1. 将干山楂片用水浸泡，然后放在搅拌机里打烂。

2. 接着把山楂泥倒进锅里，加白糖煮熟。

3. 把莲藕去皮，洗干净，切去头。

4. 把莲藕放入锅中煮熟。

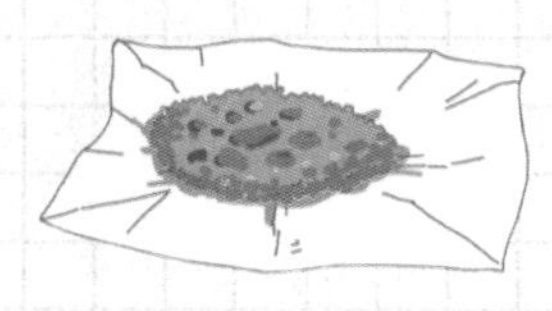

5. 把山楂泥装到裱花袋里。

6. 把山楂泥挤进莲藕的每一个孔里面。

7. 用刀把莲藕的边切出小的三角形。

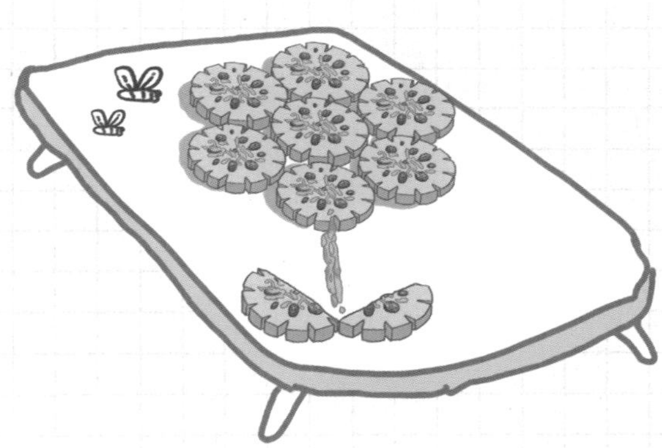

8. 把莲藕切片，如图摆成花形，把桂花糖撒在莲藕上面。用巧克力酱在碟子中画出两只蝴蝶，作品完成。

亲手私厨小小心得

1. 煮莲藕的时候切忌用铁锅，用砂锅为宜。
2. 莲藕被切开和去皮后，暴露在空气中就会被氧化成褐色，建议用水泡着备用。

夏天，芦笋解暑又健康，帮宝宝轻凉一夏。

芦笋让宝宝凉爽一夏

炎炎夏日，孩子的身体需要呵护，孩子的心灵更需要呵护。用一道青翠解暑的培根芦笋，抚平孩子因炎夏而产生的躁动情绪，让孩子在阳光下茁壮成长。

培根芦笋

在夏季，孩子比大人更容易上火，从而导致食欲不振、情绪烦躁等问题。培根+芦笋的组合，让孩子摄取充足营养、增强身体免疫力的同时，还可以起到除烦解暑的功效。

清心降火棒棒哒

芦笋味甘性寒，含有多种人体必需的营养元素，其丰富的维生素A和水分，有清热降火、生津利尿的功效。

就是这么开胃

芦笋有鲜美芳香的风味，膳食纤维柔软可口，能增进食欲，帮助消化。培根开胃效果也不错。因夏日到来而食欲不振的小朋友，试试这道菜吧！

夏日解暑圣品

芦笋是当之无愧的夏日解暑佳品，暑夏口干、运动后口渴、发热烦燥，都可以吃芦笋解决。

Nutrition 小碗营养点

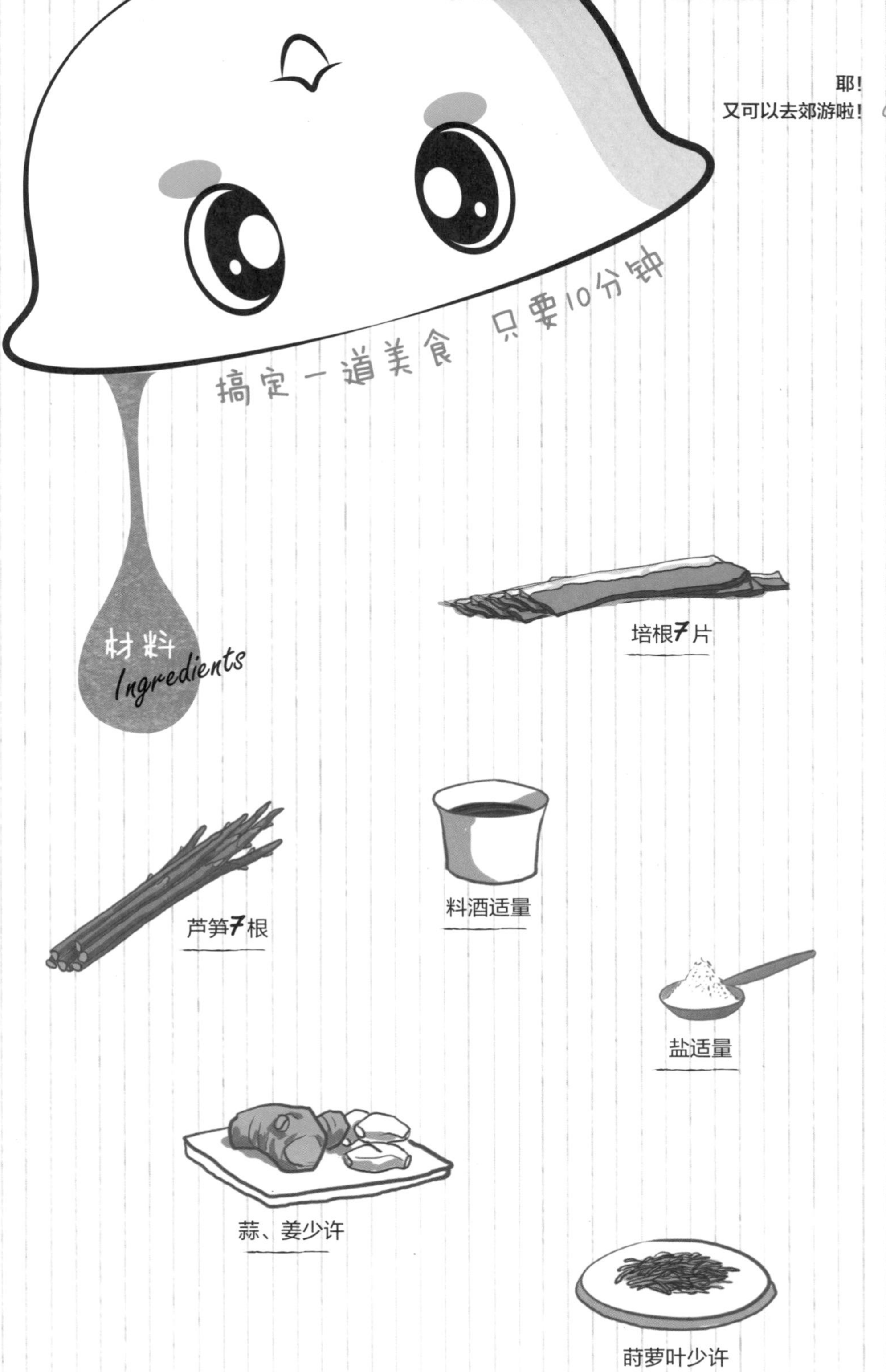
搞定一道美食 只要10分钟
材料
Ingredients
培根7片
芦笋7根
料酒适量
盐适量
蒜、姜少许
莳萝叶少许

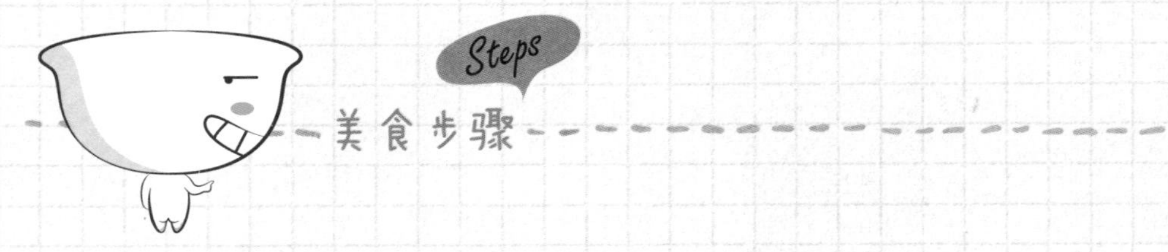

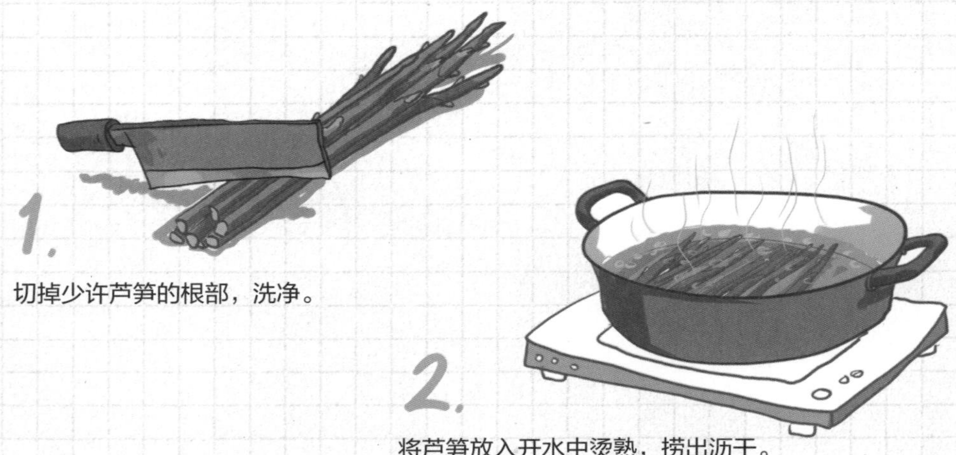

1. 切掉少许芦笋的根部，洗净。

2. 将芦笋放入开水中烫熟，捞出沥干。

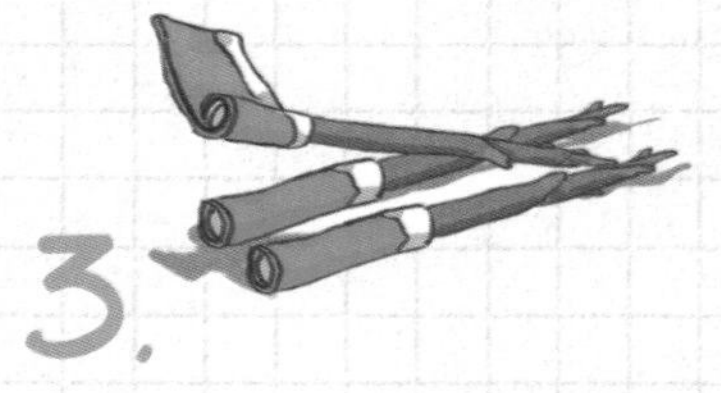

3. 用培根裹住芦笋的根部，摆在盘中备用。

4. 炒锅烧热，放入少许切碎的姜、蒜和盐，爆香后，将裹了培根的芦笋并排放入锅中。

5.

在煎芦笋与培根的过程中，调入少许料酒，去掉腥味。

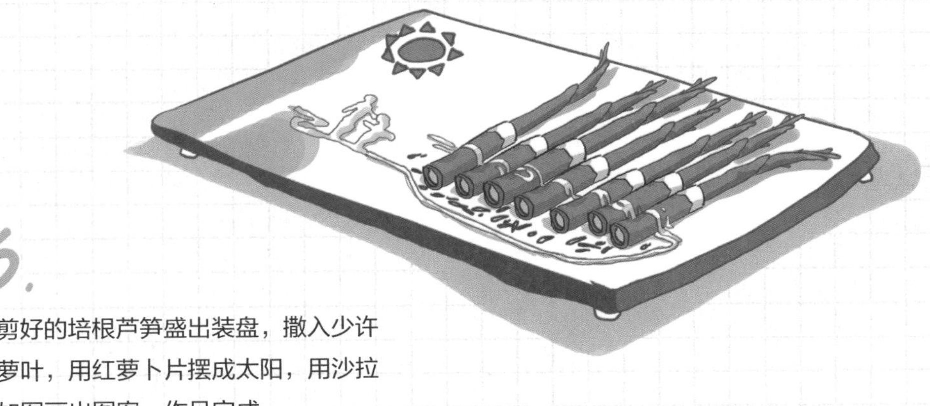

6.

将剪好的培根芦笋盛出装盘，撒入少许莳萝叶，用红萝卜片摆成太阳，用沙拉酱如图画出图案，作品完成。

亲手私厨
小小心得

1. 烫熟芦笋的过程中，加入一小勺油，芦笋的色泽会更加翠绿。
2. 用培根裹住芦笋时，不用加牙签或其他的东西固定，只要将培根放入锅中来回移动几下，培根就会自然粘合在一起了。

秘制“八孔莲蓬”让孩子一觉到天亮。

睡个好觉

睡眠对孩子生长发育非常重要。孩子如果睡眠不好，生长发育会变得缓慢、容易发胖、也不利于大脑发育。但是爸爸妈妈们别担心，用一道爽口的八孔莲蓬肉饼，让孩子一觉睡到天亮。

今日私房

八孔莲蓬肉饼

猪肉沫+莲子+圣女果的巧妙配合，一个个逗趣的莲蓬摇曳在餐盘中，新颖可爱的造型“吸睛指数”爆表，还颇具安神助眠的功效。

强心安神

莲子富含蛋白质、维生素以及微量元素，有清热泻火的功能，还有明显的强心作用，能扩张外周血管，降低血压，让宝宝养心安神，有助于睡眠。

促进铁吸收

猪肉含蛋白质较高，还含有丰富的B类维生素，可以增强体力。猪肉还提供了人体必需的脂肪酸，此外，猪肉还可提供血红素和促进铁吸收的半光氨酸，能改善缺铁性贫血，帮宝宝更好的吸收铁元素，避免贫血。

好胃口好身体

圣女果具有生津止渴、健胃消食、清热解毒、凉血平肝、补血养血和增进食欲的功效，可治口渴、食欲不振。

Nutrition 小碗营养点

搞定一道美食 只要10分钟
材料 Ingredients
莲子适量
圣女果7个
猪肉沫适量
盐、白糖适量
油适量
淀粉20克

1.

猪肉沫里加入淀粉、油、白糖和盐腌制。

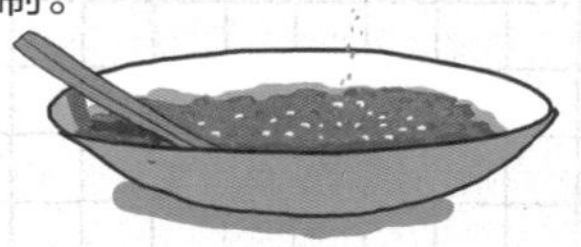

2.

把莲子剥皮切好。

3.

把腌制好的猪肉沫用勺子用力压实。

4.

把切好的莲子放到猪肉沫表面。

5.

在步骤**4**中处理好的猪肉沫碗上盖上一层保鲜膜，并戳两个小孔，放到锅里蒸熟。

6.

把圣女果洗干净，去肉留皮。

7.

蒸熟的肉饼倒出摆到碟子，如图用圣女果、莲子做装饰，作品完成。

亲手私厨
小小心得

1. 蒸肉饼前在碗里抹一层花生油就会非常容易脱模。
2. 如果希望肉饼口感更好，可根据个人口味添加马蹄、梅菜等。
3. 蒸肉饼时盖上一层保鲜膜并戳两个小孔，蒸出来的肉会更鲜嫩。

小·蘑菇，制造简单的奇妙。

妥协

如果孩子说我要玩具，我要吃那个……不要这个……我不想睡觉，“粑粑麻麻”们就妥协了吧！妥协不是迁就，而是另一种爱的表达。用这种态度，做一道美味的童餐吧。

Today's Specialty

今日私房

奇妙小蘑菇

把西红柿和鹌鹑蛋各切半，组合在一起，其实超级简单，我们只是想用它们的相互“妥协”，做一个漂亮的“蘑菇美食”，让孩子爱看、爱吃。

消化好，吸收好，才是真的好

西红柿富含苹果酸、柠檬酸和糖类，可促进宝宝的消化；鹌鹑蛋的蛋白质等营养素丰富，可让宝宝快速吸收；二者各司其职，发挥营养补充的最大功效，让宝宝健康，远离疾病。

卵中佳品

鹌鹑蛋有其特有的营养价值，故有“卵中佳品”之称。鹌鹑蛋有较好的护肤、美肤作用。由于鹌鹑蛋中蛋白质分子较小，所以比鸡蛋更易被人体所吸收利用。

补充营养素

西红柿含有丰富的胡萝卜素、维生素C和B族维生素，每天食用西红柿有助于孩子消化，并可满足孩子对几种维生素和矿物质的营养需求。

Nutrition 小碗营养点

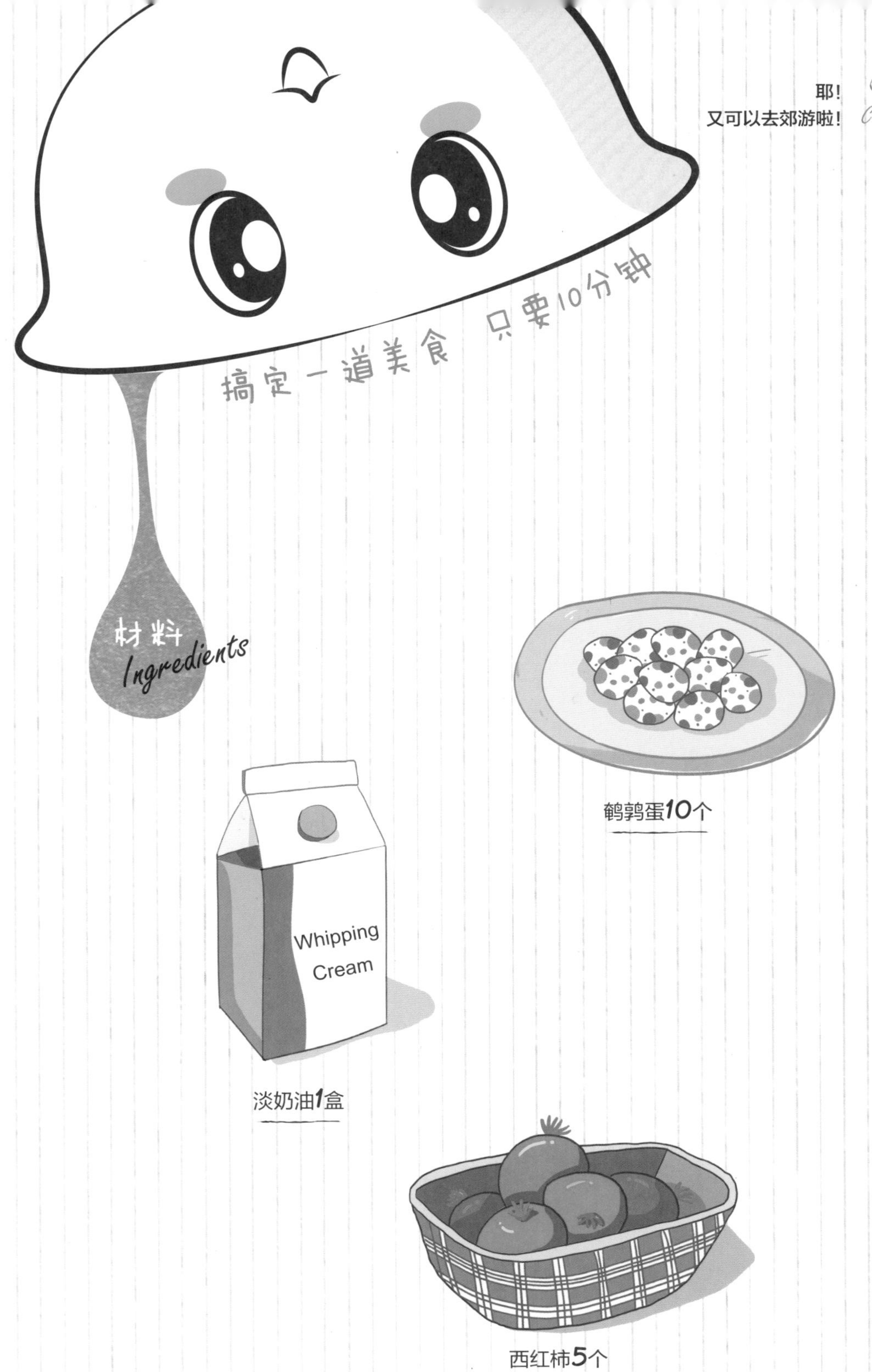

鹌鹑蛋10个

淡奶油1盒

西红柿5个

Steps

美食步骤

1.

将西红柿洗净对半切开，鹌鹑蛋煮熟剥壳，上下各切掉少许。

2.

将淡奶油放到碗中，搅拌到发泡。

3.

将西红柿和鹌鹑蛋摆成蘑菇的形状，把调制好的奶油装入保鲜袋，并在一角剪一个小孔，将奶油一点一点挤到西红柿上，如左图所示。

4.

摆盘，作品完成。

1. 鹌鹑蛋的底部一定要切掉少许，这样才能“站得稳”。
2. 淡奶油要冷冻一下，这样更容易搅拌后发泡，减少搅拌时间。

Chapter 3

谢谢爸爸妈妈给我的爱！

为了保护好孩子的肝脏，三色开心饼是不错的选择。

保肝护肝

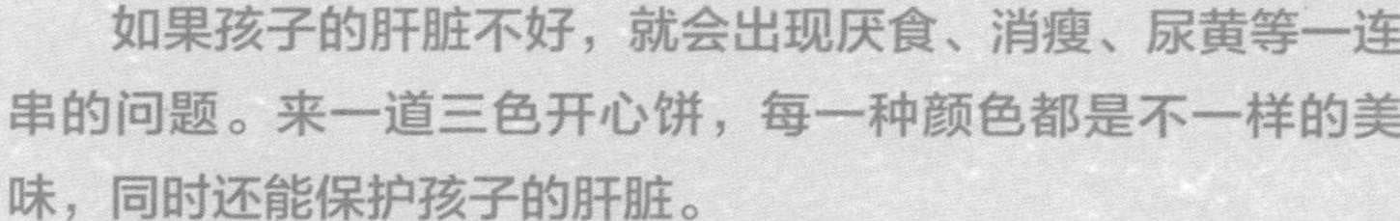

如果孩子的肝脏不好，就会出现厌食、消瘦、尿黄等一连串的问题。来一道三色开心饼，每一种颜色都是不一样的美味，同时还能保护孩子的肝脏。

Today's Specialty

今日私房

三色开心饼

紫薯+红薯+山药+花生米+红枣+薏米做的开心饼，三种颜色，不同口味，每一种口味都会让孩子的胃口大开，还能保护孩子肝脏。

保肝小卫士

红枣能提高体内巨噬细胞的吞噬功能，有保护肝脏、增强体力的作用；红枣中的维生素C，能减轻化学药物对肝脏的损害，并有促进蛋白质合成，增加血清总蛋白含量的作用。

健脾益胃

山药含有淀粉酶、多酚氧化酶等物质，有利于脾胃消化吸收；薏米因含有多种维生素和矿物质，有促进新陈代谢和减少胃肠负担的作用，达到保护肠胃的效果。

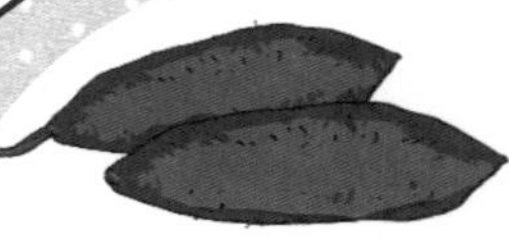

促进胃肠蠕动

紫薯富含膳食纤维，可增加粪便体积，促进肠胃蠕动，清理肠腔内滞留的黏液、积气和腐败物，排出有毒物质，保持大便畅通，并能改善消化道环境，防止胃肠道疾病的发生。

Nutrition
小碗营养点

搞定一道美食 只要10分钟

材料 Ingredients

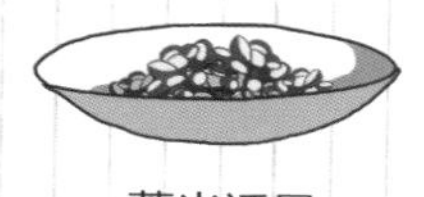

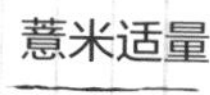

薏米适量

红豆适量

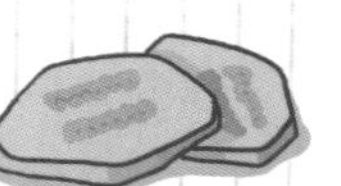

红薯10克

花生米适量

白糖适量

山药10克

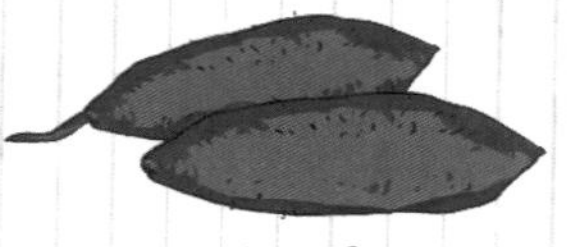

紫薯2个

红枣适量

1.

把山药、紫薯、红薯洗净、去皮、切片，和洗净的红枣一起放到锅里蒸熟。

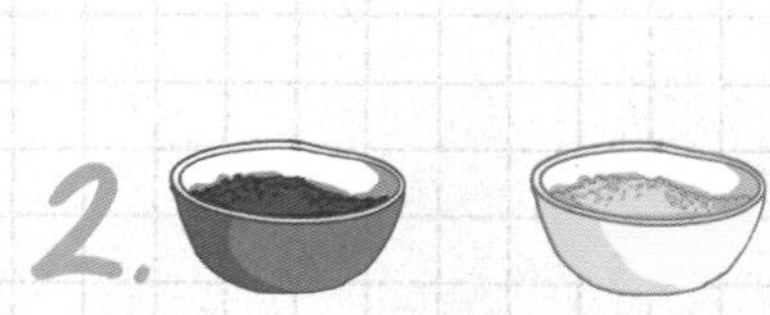

2.

把蒸熟的山药、紫薯、红薯分别放到不同的碗里，压碎。

3.

把蒸熟的红枣切碎，去核，放到碟子里，备用。

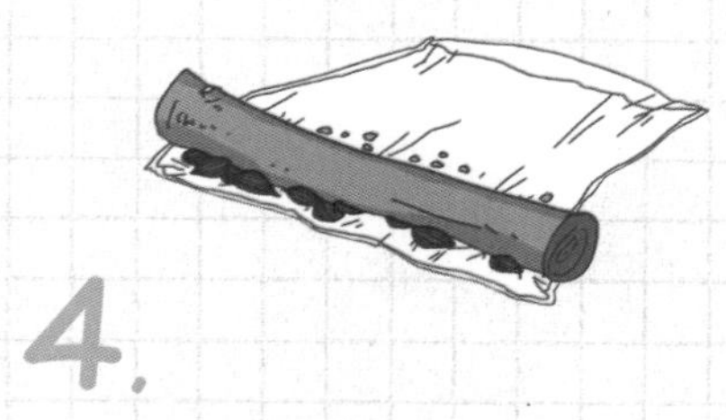

4.

用擀面杖碾碎花生米。

5.

把碾碎的花生米放入盘中，加入适量的白糖，搅拌均匀，备用。

6.

把红豆和薏米洗净，加水放在锅里煮熟。尽量煮熟烂。

7.

把煮好的红豆和薏米也放到碟子里备用，三种对应搭配的馅全部做好（红豆、薏米配山药、花生米配红薯、红枣配紫薯）。

8.

分别把红豆和薏米配山药、花生米配红薯、红枣配紫薯放到不同的模具中。

9.

然后压实。

10.

摆盘，作品完成。

1. 制作造型的时候在模具内涂抹一层花生油，会更容易脱模。
2. 如果孩子比较小，可以选择更软绵的馅料，如苹果泥等。

吃软不吃硬，那今天给孩子吃“软饭”。

吃软不吃硬

不知有没有同感，现在的孩子都是吃软不吃硬，你越坚持，孩子就越对着干。那好吧，就用柔软的方式解决问题，用可爱、美味的薯球，让他乖乖地吃完一顿美味餐点吧！

Today's Specialty

今日私房

蜜汁薯球

红薯+面粉揉成一个个球状，红薯本身的“甜糯”的口感，让宝宝每一口都是甜甜的、软绵绵的，撒上蛋丝，让这道美食具有了丰富的营养。

营养全面

红薯中丰富的膳食纤维、胡萝卜素、维生素A、B族维生素以及钾、铁、铜、硒、钙等营养素，联合鸡蛋丰富的优质蛋白、氨基酸以及钠、镁等元素和糯米的糖类、磷、铁、B族维生素淀粉等营养素，营养丰富。

增强记忆力

鸡蛋黄中的卵磷脂、甘油三酯、胆固醇和卵黄素，对神经系统和身体发育有很大的作用，可增强机体的代谢功能和免疫功能。卵磷脂被人体消化后，可释放出胆碱，胆碱可改善宝宝的记忆力。

促进脑细胞发育

花生中蛋白质的含量为25%~30%，含有人体必需的8种氨基酸，精氨酸含量高于其他坚果，并含有硫胺素、核黄素、尼克酸等多种维生素，有促进脑细胞发育，增强记忆力的作用。

Nutrition 小碗营养点

搞定一道美食 只要10分钟

材料 Ingredients

红薯2个

糯米粉50克

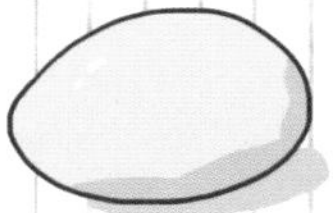

鸡蛋1个

熟花生米30克

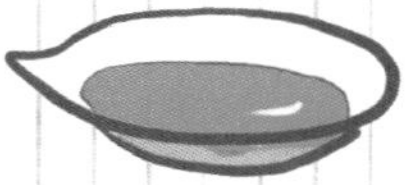

油10毫升

1.

将红薯洗净蒸熟。

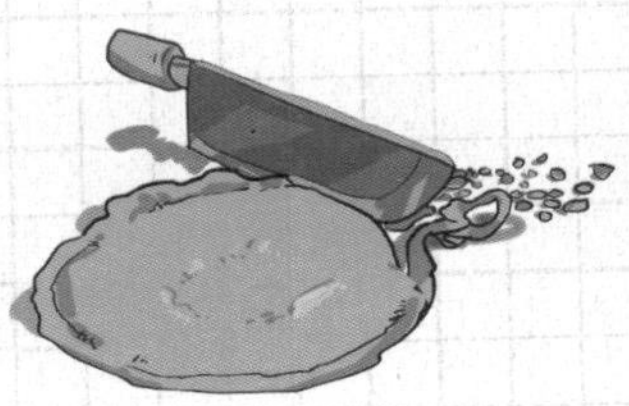

2.

把鸡蛋打成蛋液，倒入热油锅中，摊成蛋饼，盛出，待温热后切成细细的蛋丝。

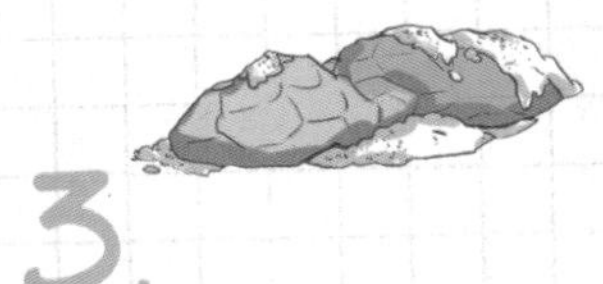

3.

将蒸熟的红薯去皮，碾成泥，并加入糯米粉，和成面团。

4.

将和好的面团分成每个10克左右的小剂子。

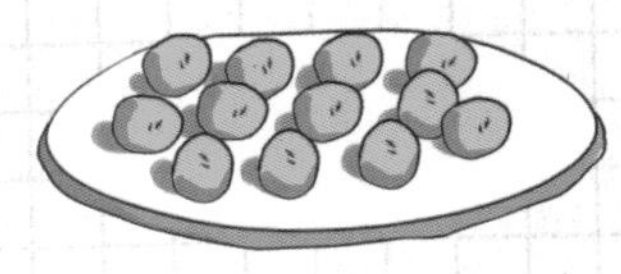

5.

将小剂子揉成红薯丸子。

6.

将做好的红薯丸子放入滚水中煮3分钟左右。待红薯丸子全部浮起，捞入碗中。

7.

把花生米碾碎，和蛋丝一起撒入碗中，作品完成。

亲手私厨
小小心得

1. 做好的红薯丸趁热吃口感更香滑，撒在丸子上的配料可以根据个人口味随意变化。
2. 如果和的面团较大或者搓面团的动作较慢，建议在搓面团的时候，先取一小团，再把剩余面团用保鲜膜或者湿布盖起来，随搓随取，以免面团风干后不易搓。
3. 搓好的丸子如果一时用不完，装入密封盒或保鲜袋里冷冻保存，盒底和保鲜袋中撒上一层糯米粉，防止丸子粘盒底。冷冻后的煮法：水开后下锅，待丸子浮起来，捞起即可。

我就是要吃水果的“豆腐”。

当水果遇上豆腐

吃过南豆腐，也吃过北豆腐，就是没吃过水果豆腐。今天“粑粑麻麻”们就用一种新的组合方式，让孩子吃一次不一样的豆腐吧！

今日私房

水果豆腐沙拉

水果和日本豆腐也可以做沙拉哦！新的菜式、新的口味，喜欢新鲜的孩子当然少不了这道美食。

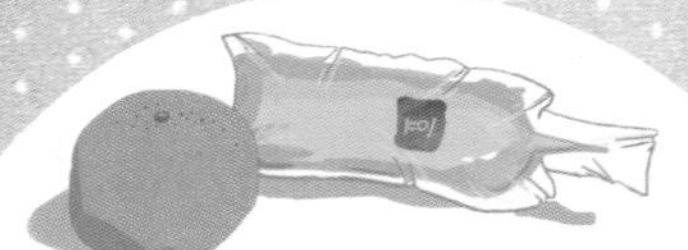

身体排排毒，健康加加油

“毒物们”颤抖吧！日本豆腐的维生素C含量丰富，能将脂溶性有害物质排出体外；橙子能清理宝宝体内的毒素，保护身体健康；草莓和甜橙，可以自然平和地清除体内的重金属离子。

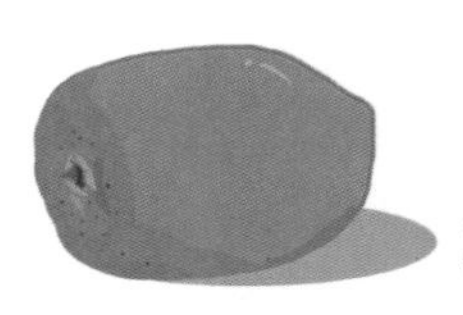

水果之王

猕猴桃含有钙、钾、硒、锌、锗等营养元素和人体所需17种氨基酸，此外还含有丰富的维生素、葡萄酸、果糖、柠檬酸、苹果酸、脂肪、良好的可溶性膳食纤维。一颗猕猴桃能提供孩子每日所需要的维生素C，而且猕猴桃能促进新陈代谢，协调机体功能，增强体质，所以被誉为“水果之王”。

促进生长发育

草莓营养价值高，含丰富的维生素C，有润肺生津、健脾和胃、利尿消肿、解热祛暑的功效，适用于肺热咳嗽、食欲不振，小便短少、暑热烦渴等症状。草莓中的营养素对生长发育有很好的促进作用。

Nutrition 小碗营养点

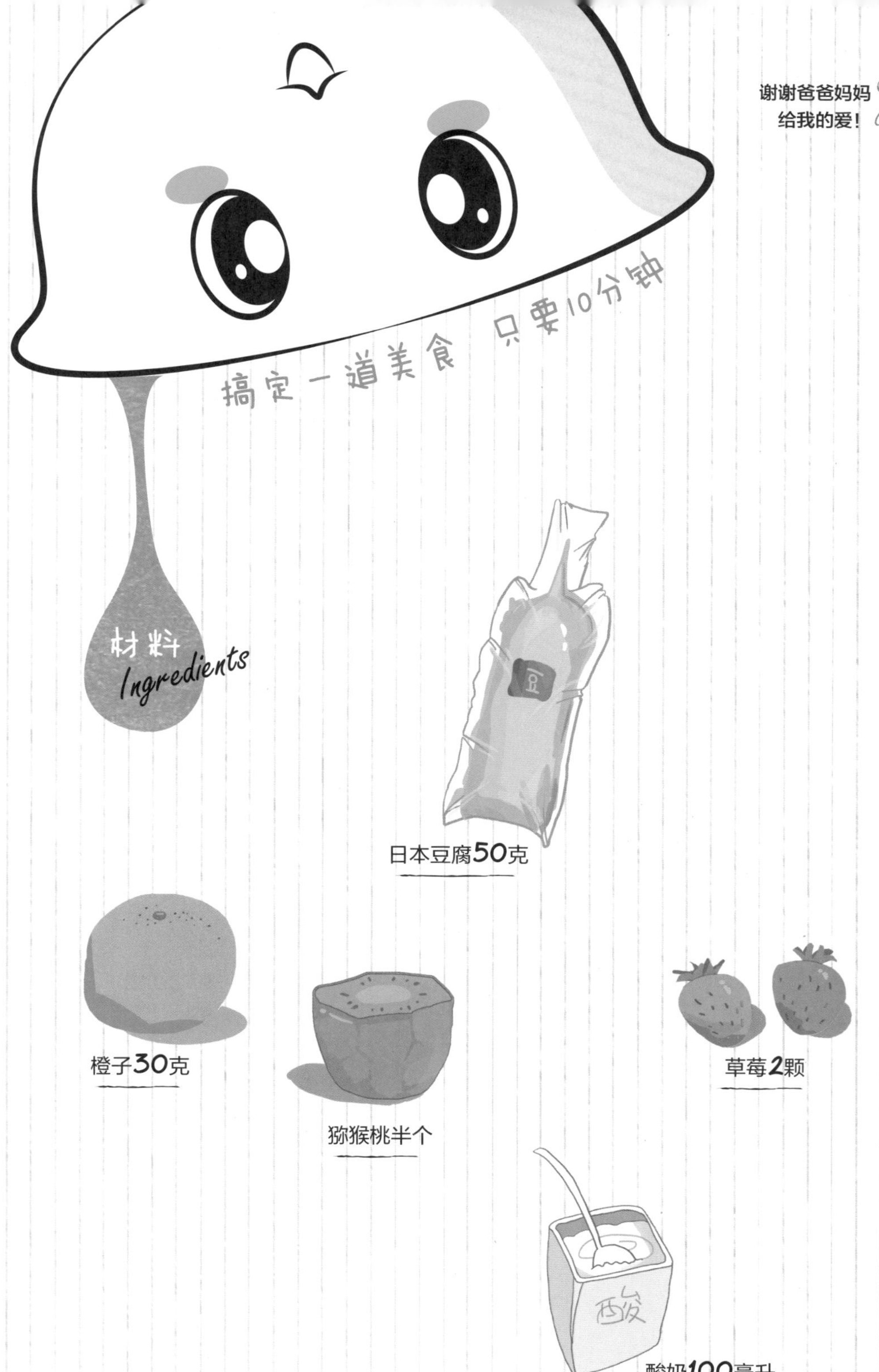

日本豆腐50克

橙子30克

猕猴桃半个

草莓2颗

酸奶100毫升

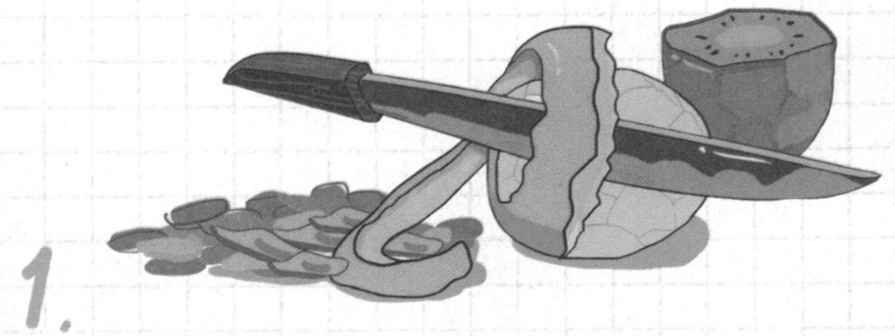

1.

先把橙子和猕猴桃洗净、去皮。

2.

把草莓洗干净，然后把草莓、橙子、猕猴桃切块。

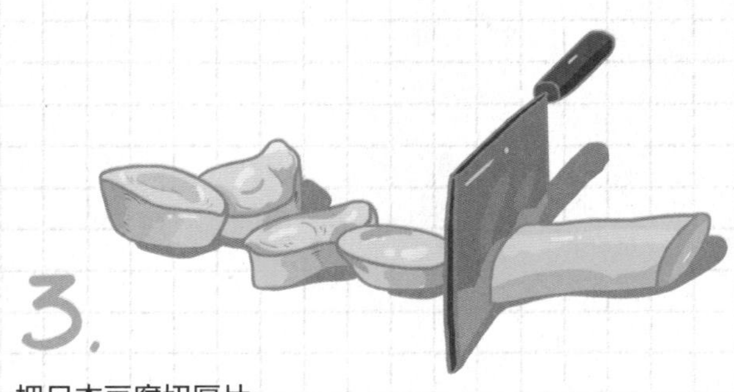

3.

把日本豆腐切厚片。

4.

日本豆腐入沸水中焯一下，
捞出沥干。

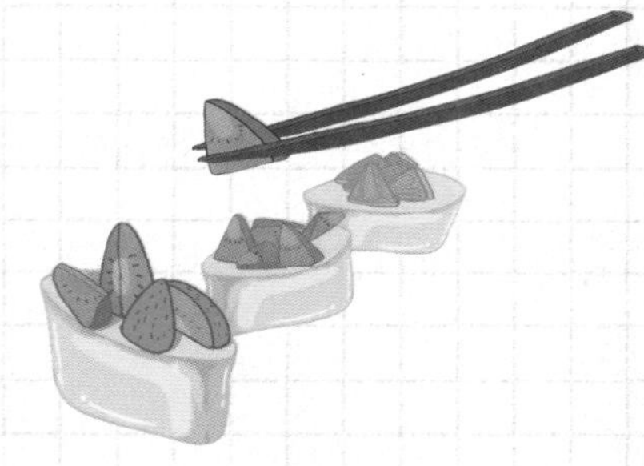

5.

在日本豆腐上放好水果，并摆好造型，最后浇上酸奶即可。

亲手私厨小小心得

1. 除酸奶外，半流质的宝宝奶酪也很适合用来拌沙拉，在增加风味的同时，还可以给宝宝提供更丰富的营养和更多能量。
2. 日本豆腐美味营养，很适合宝宝吃，建议进食时分成小块，以免宝宝呛住。

绝了！鸡蛋新吃法，孩子护肝新方法。

鸡蛋新吃法，呵护小肝脏

孩子的肝脏可不能大意，需要从小呵护。特别是在夏季，孩子会经常烦躁不安，头晕没精神，这是肝脏不好的一种表现。快用鸡蛋土豆泥给孩子的肝脏降降火，为孩子的健康加把油！

鸡蛋土豆泥

土豆+鸡蛋做成的鸡蛋土豆泥，造型可爱，颜色夺目，如此漂亮的食物，当然能让孩子更喜欢。而且更难能可贵的是，这道菜还可以很好地保护宝宝幼小的肝脏，太赞了！

肝脏守护神

鸡蛋中的蛋白质容易被人体吸收，可提高血浆蛋白量，增强肌体代谢功能和免疫力功能对肝脏组织损伤有修复作用。

健脑益智

鸡蛋黄中的卵磷脂和卵黄素等对神经系统和身体发育有很大的作用，卵磷脂被人体消化后，可释放出胆碱，可很好地改善记忆力，处于生长发育期的孩子，可不要错过这道美食哦！

吃出好情绪

土豆是所有粮食作物中维生素含量最全的，其含量相当于胡萝卜的2倍、大白菜的3倍、西红柿的4倍。其中B族维生素更是苹果4倍。特别是土豆中含有禾谷类粮食所没有的胡萝卜素和维生素C、其所含的维生素C是苹果的10倍。

Nutrition 小碗营养点

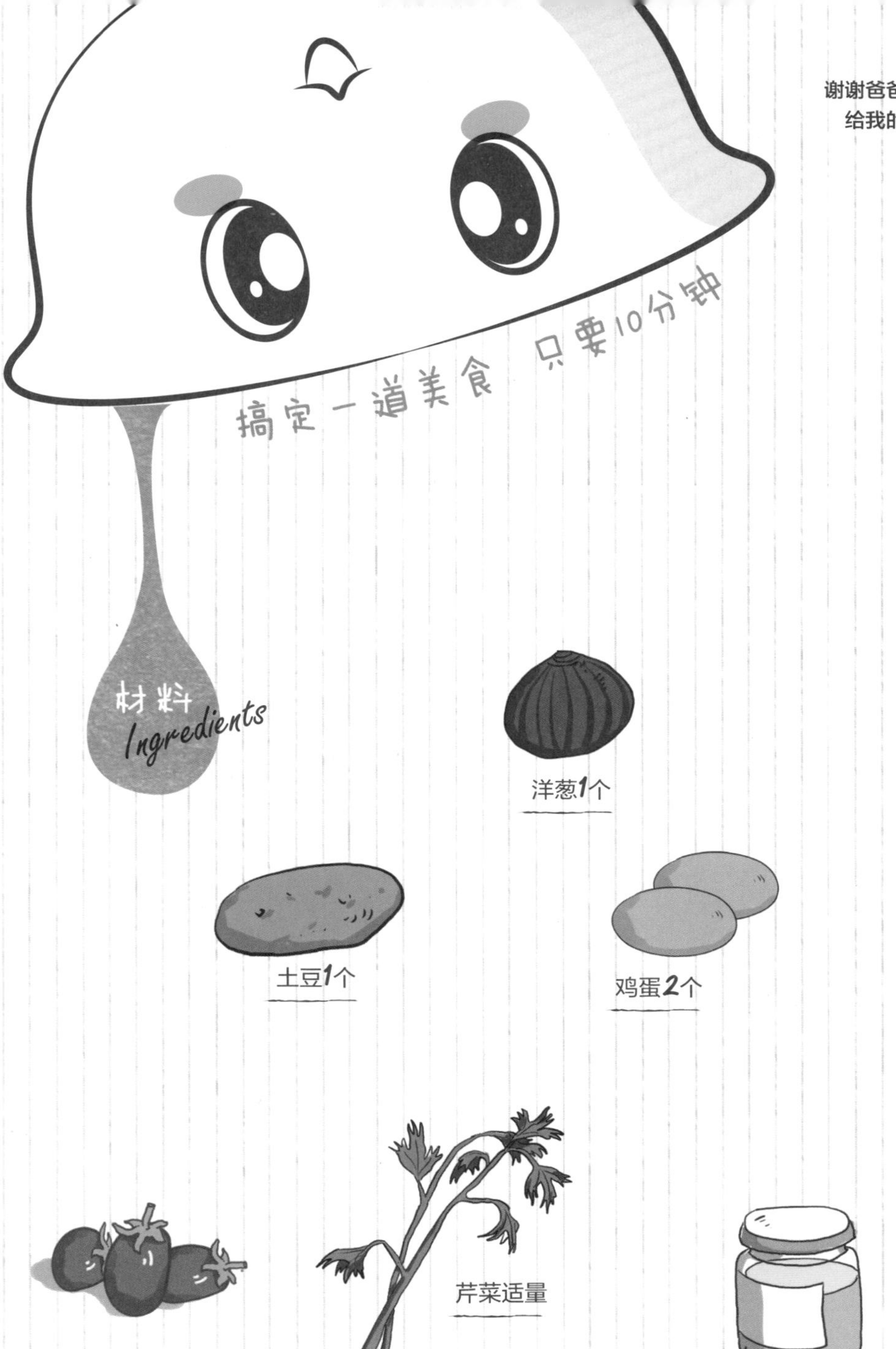

洋葱1个

土豆1个

鸡蛋2个

圣女果适量

芹菜适量

沙拉酱适量

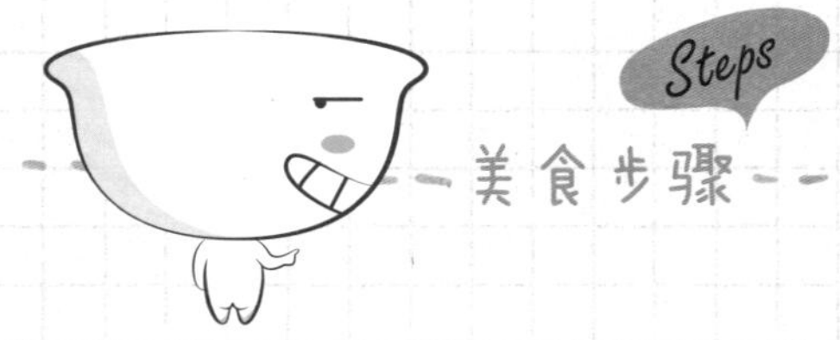

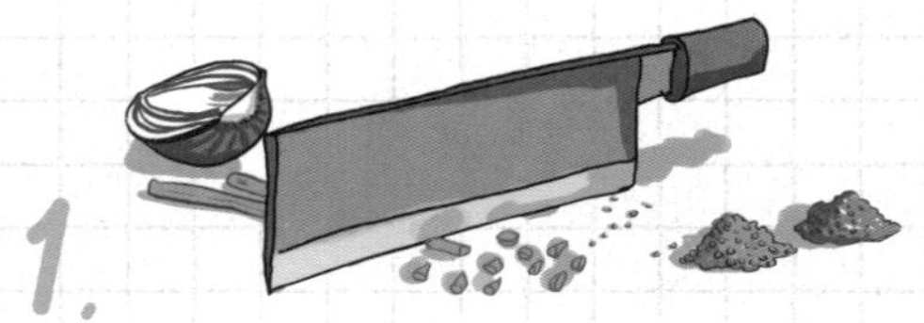

1.

芹菜洗净摘取叶子，茎部切成碎丁；洋葱洗净、剥皮，切成细小的丁，切得越碎越好。

2.

锅里少放油，放洋葱、芹菜丁煸炒一下，炒至水分干即可，盛起，放凉后待用。

3.

鸡蛋和土豆煮熟后，泡在冷水中冷却。

4.

土豆去皮切小块，随后将鸡蛋剥去壳对切，取出蛋黄，把蛋黄切小块，把蛋黄、土豆加入炒过的洋葱丁、芹菜丁中。

5.

再加入沙拉酱，搅拌至均匀。

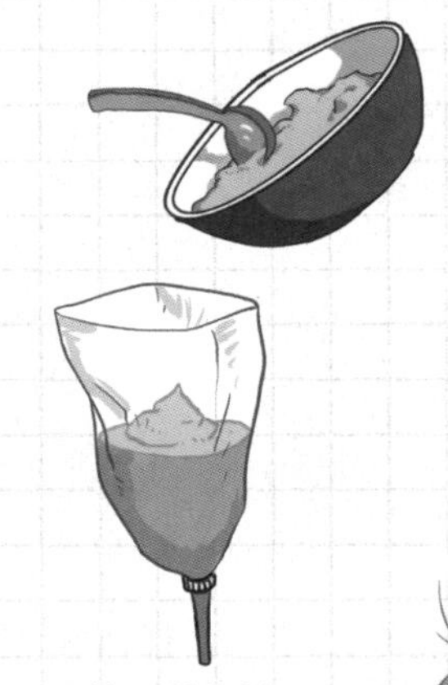

6.

把搅拌好的土豆泥放入装好裱嘴的裱花袋中，挤出花型至蛋白中空位置中。用芹菜叶、圣女果，如图装饰。

7.

作品完成。

亲手私厨
小小心得

1. 土豆要煮得烂熟一点，这样冷却后才容易搅拌成土豆泥。
2. 挤出土豆泥的时候，要注意力度的把握，不要溢出鸡蛋外面。

饺子变身小糖果，竟然可以保护孩子的心血管系统。

饺子变身，保护心血管

宝宝很喜欢吃糖果，可是吃多了糖果对正在长身体的宝宝来说并不好，怎么办呢？来一道简单美味的糖果饺，让孩子像吃糖果一样开心地吃饺子，这道美味还可以保护宝宝的心血管系统的健康。

如意糖果饺

虾仁+南瓜+紫甘蓝+菠菜+鸡蛋做成宝宝最喜欢吃的小糖果，简单又美味，不仅能让爱吃糖果的宝宝食欲大开，而且能够很好地保护孩子的心血管。

保护心血管

虾中含有丰富的镁，镁对心脏活动起到重要的调节作用，它可降低血液中胆固醇含量，能很好地保护宝宝心血管系统。

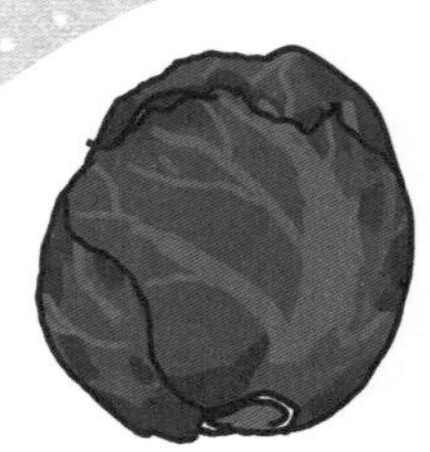

提高免疫力

紫甘蓝的营养丰富，尤其富含维生素C、维生素E和B族维生素，并且还能够防止由感冒引起的咽喉疼痛，提高宝宝免疫力。

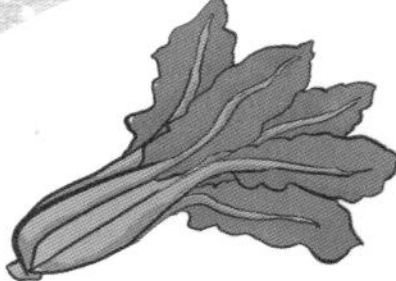

营养有保障

菠菜中含有丰富的胡萝卜素、维生素C、钙、磷及一定量的铁、维生素E等有益成分，能供给人体多种营养物质；其所含铁质，对缺铁性贫血有较好的辅助治疗作用。

Nutrition 小碗营养点

搞定一道美食 只要10分钟

材料 Ingredients

菠菜50克

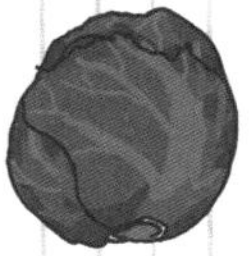

紫甘蓝50克

南瓜100克

虾50克

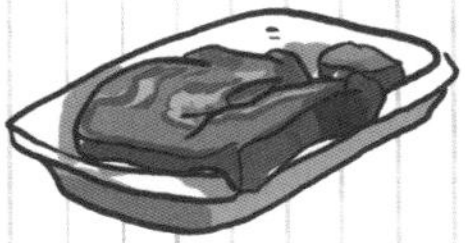

猪肉50克

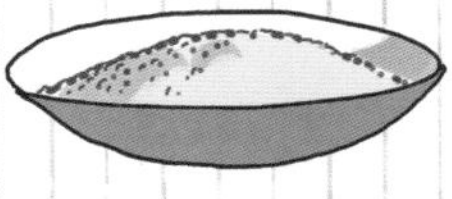

面粉200克

盐3克

料酒3毫升

生抽3毫升

香油2毫升

胡椒粉适量

白糖适量

1.

菠菜、南瓜、紫甘蓝洗净，分别榨汁，装碗备用。

2.

将榨好的汁用过滤网过滤一次，装入不同的碗中备用。

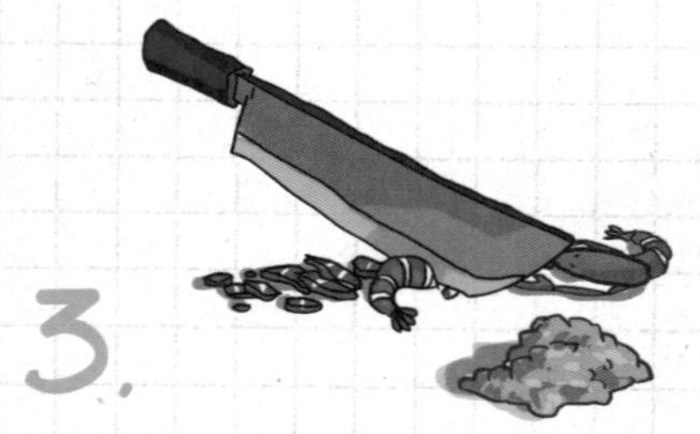

3.

虾煮熟剥壳切沫，猪肉洗净切沫。

4.

把虾肉沫和猪肉沫放到一个碗中，调入适量的盐、料酒、生抽、香油、白糖、胡椒粉，并充分搅拌。

5.

面粉分成3个小堆，将菠菜汁、南瓜汁、紫甘蓝汁分别倒在面粉中。

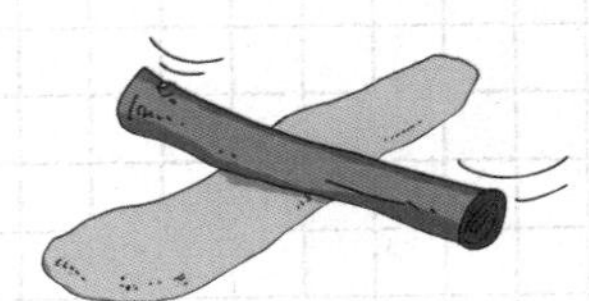

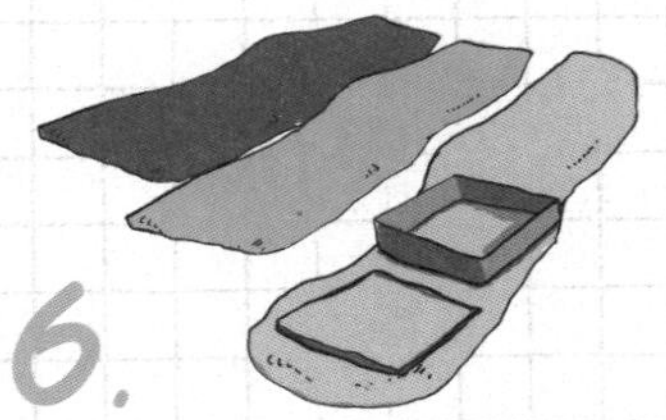

6.

将3个面团分别揉成不同颜色（绿、黄、紫），用擀面杖将面粉团擀成牛舌状，并用模具压出四方形的小面皮。

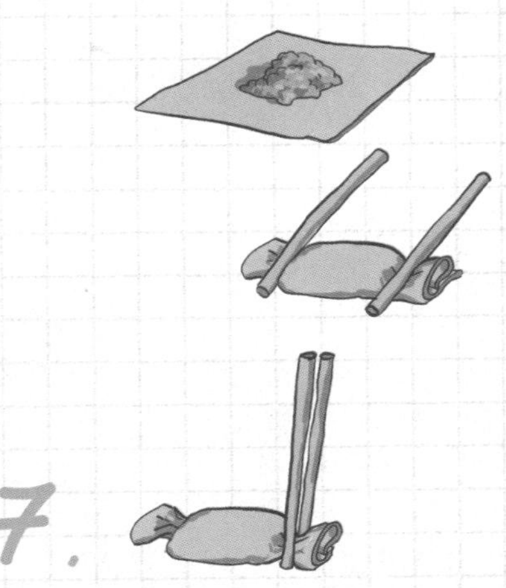

7.

面皮包入事先调好的虾肉和猪肉混合的馅，将馅裹入面皮中，面皮两端先用筷子压一下，再轻轻的夹一下，糖果形状的饺子便做好了。

8.

将包好的饺子放入蒸锅中蒸熟。

9.

装盘，作品完成。

亲手私厨小小心得

1. 糖果是一个大肚子，两边是拧起来的外皮，所以最好将馅填在中间。
2. 饺子除了采用蒸煮的方式以保持原汁原味外，还可采用油炸的方式，这样孩子可能会更喜欢。油炸方法：在油烧至油温六七成热时，放入饺子，中火炸至金黄色即可，若大火容易把饺子炸糊掉。

看起来很好吃的样子。

看起来很好吃，快到嘴里来

天气太热，孩子没有胃口，经常不想吃饭，怎么办？爸爸妈妈们来动手制作好吃又营养的草莓饭团吧！这道可口的开胃主食，打开孩子的胃口，孩子吃得开心，爸爸妈妈更舒心。

草莓饭团

毛豆+米饭+西红柿做出来的创新草莓饭团，能大大增强孩子的食欲。孩子有食欲了，吃饭自然倍儿香。

增强免疫力

紫菜所含的多糖具有增强细胞免疫和体液免疫的功能，可促进淋巴细胞转化，提高机体的免疫力。紫菜含有多种维生素，B族维生素的含量与蔬菜相比毫不逊色。

补铁补健康

毛豆中含有极丰富的铁元素，且极易被吸收，可作为宝宝补充铁元素的食物之一。对有点贫血的宝宝来说，这是个很不错的选择。

夏季食欲助推器

夏天常吃毛豆，可以帮助弥补因出汗过多而导致的钾流失，从而缓解由于钾的流失而引起的食欲下降。

Nutrition
小碗营养点

搞定一道美食 只要10分钟

材料 Ingredients

西红柿1个

大米150克

紫菜少许

毛豆适量

包菜1个

盐少许

1. 西红柿洗净切片。

2. 将西红柿片榨汁。

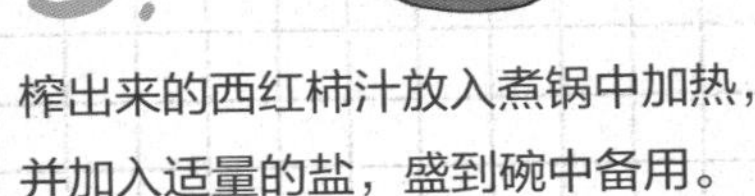

3. 榨出来的西红柿汁放入煮锅中加热，并加入适量的盐，盛到碗中备用。

4. 将洗净的毛豆放入开水中煮熟。

5. 把煮熟的毛豆榨汁，并进行一次过滤，最后放入碗中备用。

6. 用紫菜片剪出很多细小的斑点形状。

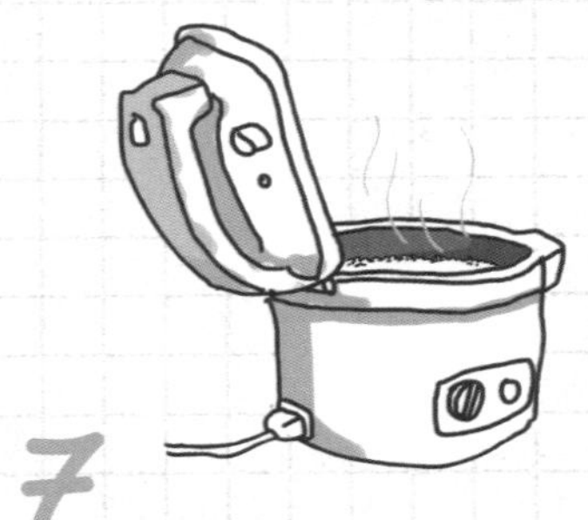

7.

将大米煮成米饭，盛到两个碗中，分别调入西红柿汁和毛豆汁，搅拌均匀。用手捏成类似草莓形状的饭团。

8.

将紫菜斑点贴到饭团上面，并用少许煮熟的毛豆贴在饭团一头，装饰成叶子的形状。

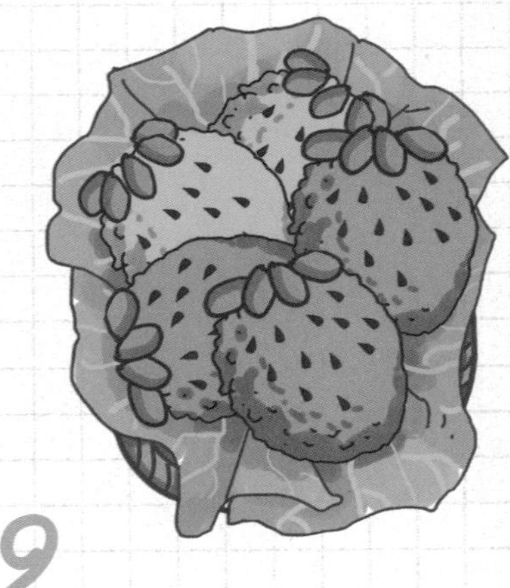

9.

把饭团放在洗净的包菜叶子上，按照上图摆盘，作品完成。

亲手私厨
小小心得

1. 如果妈妈们时间紧迫，可以将榨西红柿汁这一步去掉，直接用现成的番茄酱代替，效果也不错哦。
2. 米饭最好做的黏一些，这样在加入西红柿汁和毛豆汁后，草莓饭团容易捏成形。

炒饭变蛋糕，让孩子像爱吃蛋糕一样爱上吃饭。

快乐变变变

每个孩子都是爸爸妈妈的心头宝，宝宝的健康成长是爸爸妈妈最大的心愿。新奇的炒饭蛋糕，开启另一种全新吃饭体验，让孩子吃得快乐，吃得健康。

Today's Specialty

今日私房

炒饭蛋糕

鸡蛋炒饭+菠菜炒饭，做成双色双层炒饭蛋糕，颠覆性的新奇蛋糕，让孩子在快乐中享用，同时也可以提供宝宝生长发育所需的营养元素。

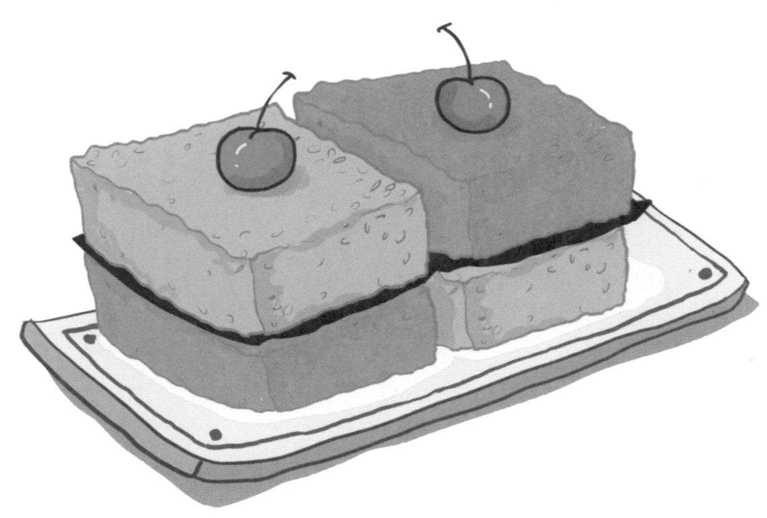

成长帮手

鸡蛋几乎含有人体必需的所有营养物质，能有效促进孩子身体发育、增强免疫功能，并可促进宝宝的大脑发育。

清肠助便

菠菜中富含的膳食纤维，能促进大肠蠕动，有效地保持肠道的健康。如果宝宝出现便便不太通畅的情况，多吃菠菜，非常管用。

防治麻疹

夏天麻疹流行时，给小儿饮用车厘子汁能够预防感染。车厘子具有发汗、透疹、解毒的作用。在炎热的夏季，妈妈们不妨给家中孩子做做这道菜，加多些车厘子，更健康。

Nutrition
小碗营养点

搞定一道美食 只要10分钟
材料
Ingredients
菠菜适量
车厘子2个
紫菜少许
鸡蛋2个
米饭适量
油适量
盐适量

1.

把菠菜洗干净后剁碎，剁得越碎越好。

2.

锅内加入油，烧热，把剁碎的菠菜和米饭一起放在锅里炒，加少许盐。菠菜炒饭完成。

3.

把鸡蛋打入碗中，打成蛋液，锅内加油烧热，倒入蛋液，再放入米饭一起炒，加少许盐。鸡蛋炒饭完成。

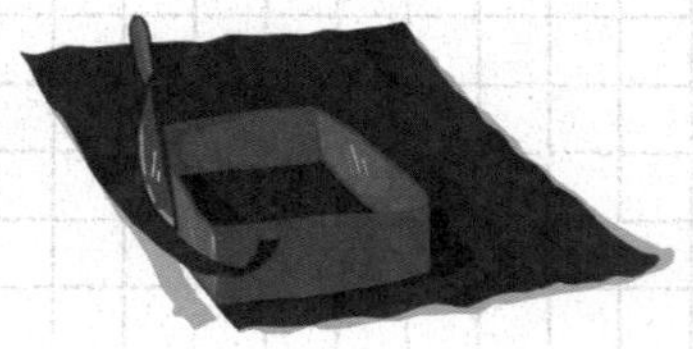

4.

用四方形的模具把紫菜片切出同样大小的紫菜片。

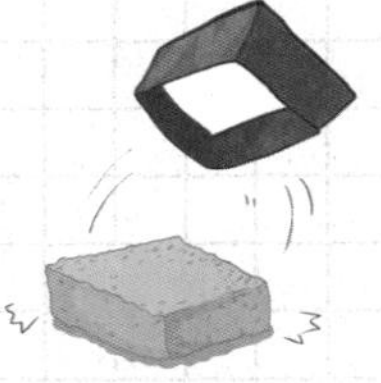

5.

把鸡蛋炒饭和菠菜炒饭分别放在四方形的模具中压实。

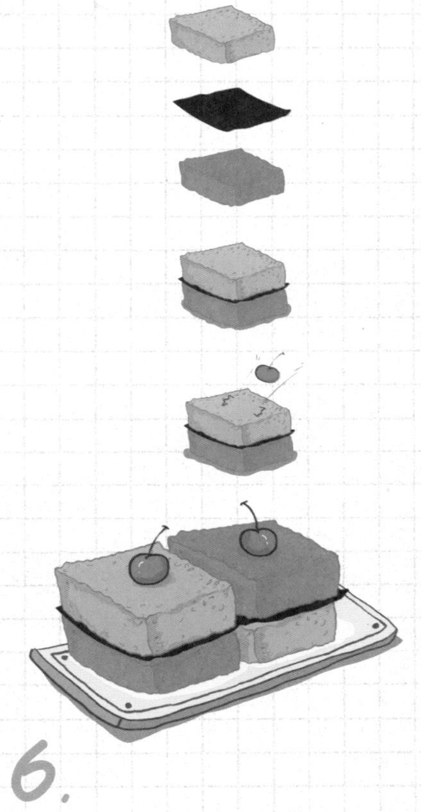

6.

把两种不同的方块炒饭，层叠在一起，在中间放上切好的紫菜片，再摆上车厘子，作品完成。

1. 炒饭放进模具里要压实，这样做出来的蛋糕才会结实，不会出现散塌。
2. 菠菜一定要剁碎，这样炒饭才会有绿色的效果。

宝宝3秒就吃光的滑蛋。

妈妈，太滑了

水蒸蛋和我玩滑滑梯，
一下子就从嘴里滑进肚子里。

三秒田园水蒸蛋

许多孩子并不喜欢整个完整煮出来的水煮蛋，因为蛋白滑滑的口感和蛋黄干巴巴、粉粉的口感搭配在一起并不是那么享受。但如果把蛋白和蛋黄融合在一起那就不一样了，许多宝宝都喜欢那香、嫩、滑的滋味，这道水蒸蛋宝宝可能3秒就能吃光光哦！

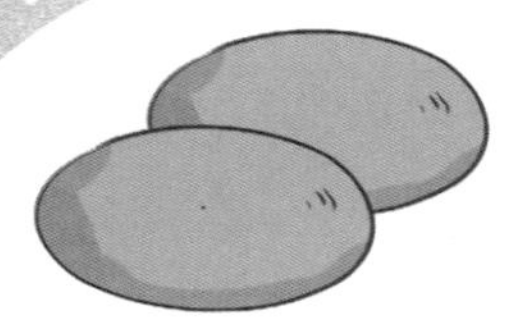

最自然的营养补充

田园水蒸蛋是最天然的营养食品，鸡蛋清具有解毒作用，蛋黄则含有丰富的卵磷脂，卵磷脂被消化后可以释放出胆碱，胆碱有增强记忆力的作用。

正确地保存奶粉

奶粉容易冲调，携带方便，营养丰富。但奶粉罐开封后，细菌、氧气和水蒸汽分子的空气会趁虚而入，建议使用奶粉真空保鲜器。奶粉真空保鲜器能使开封后的奶粉罐内始终处于真空状态，保持奶粉的新鲜品质，让宝宝能喝到营养丰富的新鲜奶粉。

多功能的白糖

在制作汤羹、菜点、饮料时，加入适量的白糖能增食品甜味。而在制作酸味的菜肴时，加入少量白糖可缓解酸味，口感也更好。菜炒咸了，加点白糖可减咸味。另外，适当食用白糖有助于提高机体对钙的吸收。

Nutrition
小碗营养点

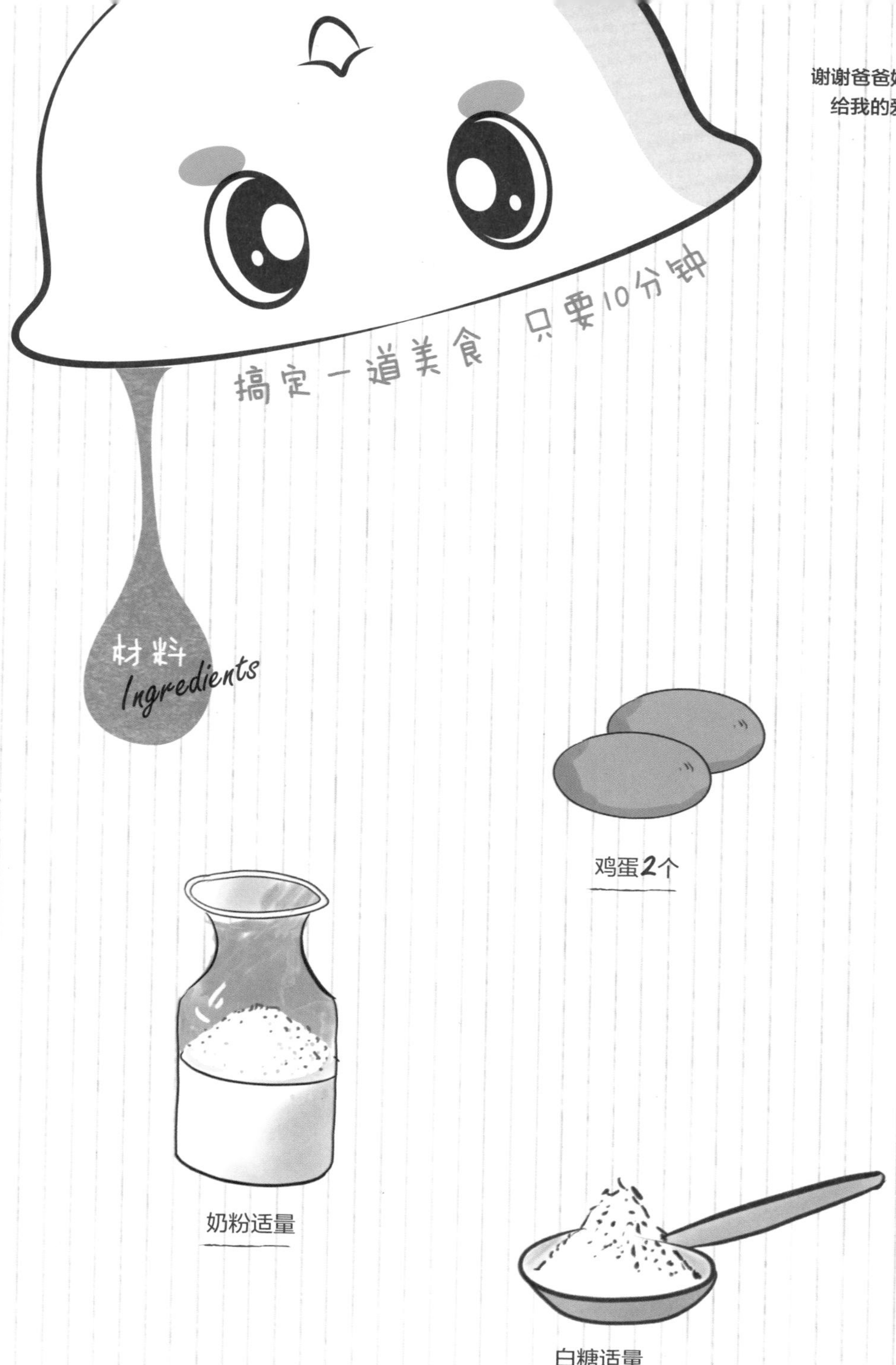
搞定一道美食 只要10分钟
材料
Ingredients
鸡蛋2个
奶粉适量
白糖适量

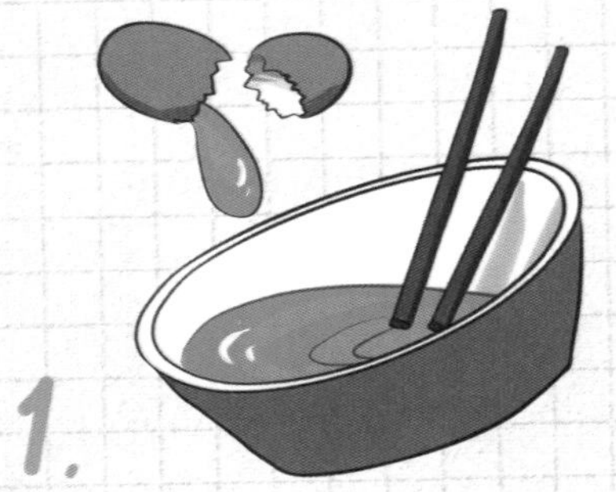

1.

把鸡蛋打入碗中，搅拌均匀，成蛋液。

2.

把白糖和奶粉放入步骤**1**的碗中，充分搅拌均匀。

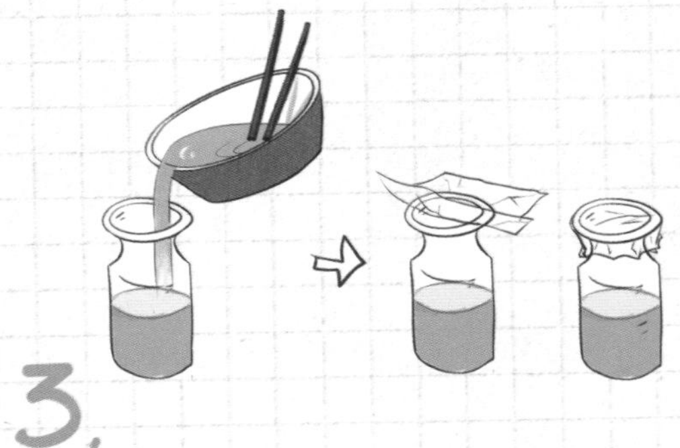

3.

把混合液倒入广口瓶中，用保鲜膜封口。

4.

放入锅内蒸熟即可。

5.

作品完成。

要想炖出鲜嫩光滑的蛋，其实非常简单，在炖蛋的容器上加一层保鲜膜，蒸熟的蛋羹上就再也不会出现小洞了。

儿童比萨，不仅解馋，更能提高免疫力。

妈妈，我要更强壮

宝宝身体发育比较缓慢，免疫系统没有足够的抵抗力，所以经常患上感冒或者其他病毒感染的疾病。一道味道鲜美的双层比萨，不仅能打开宝宝的胃口，更能快速提高宝宝的免疫力。

今日私房

双层比萨

牛肉+西红柿+彩椒+鸡蛋+玉米组合做成的双层比萨，味道非常鲜美，并且这样的新菜式更能打开宝宝的胃口，同时又可以增强宝宝的免疫力。

抗病补血

牛肉富含蛋白质，氨基酸组成比猪肉更接近人体所需，能提高机体抗病能力。牛肉还具有补血、修复组织等功效，是宝宝生长发育过程中一种很好的补益食物。

补充营养素

西红柿含有丰富的胡萝卜素、维生素C和B族维生素，每天食用西红柿有助于增强孩子的消化功能，并可满足人体对几种维生素和矿物质的营养需求。

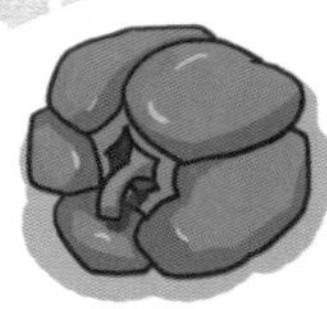

增进孩子食欲

青椒中含有极其丰富的营养，含有的芬芳辛辣的辣椒素，能增进孩子食欲，还能起到帮助消化的效果。

Nutrition 小碗营养点

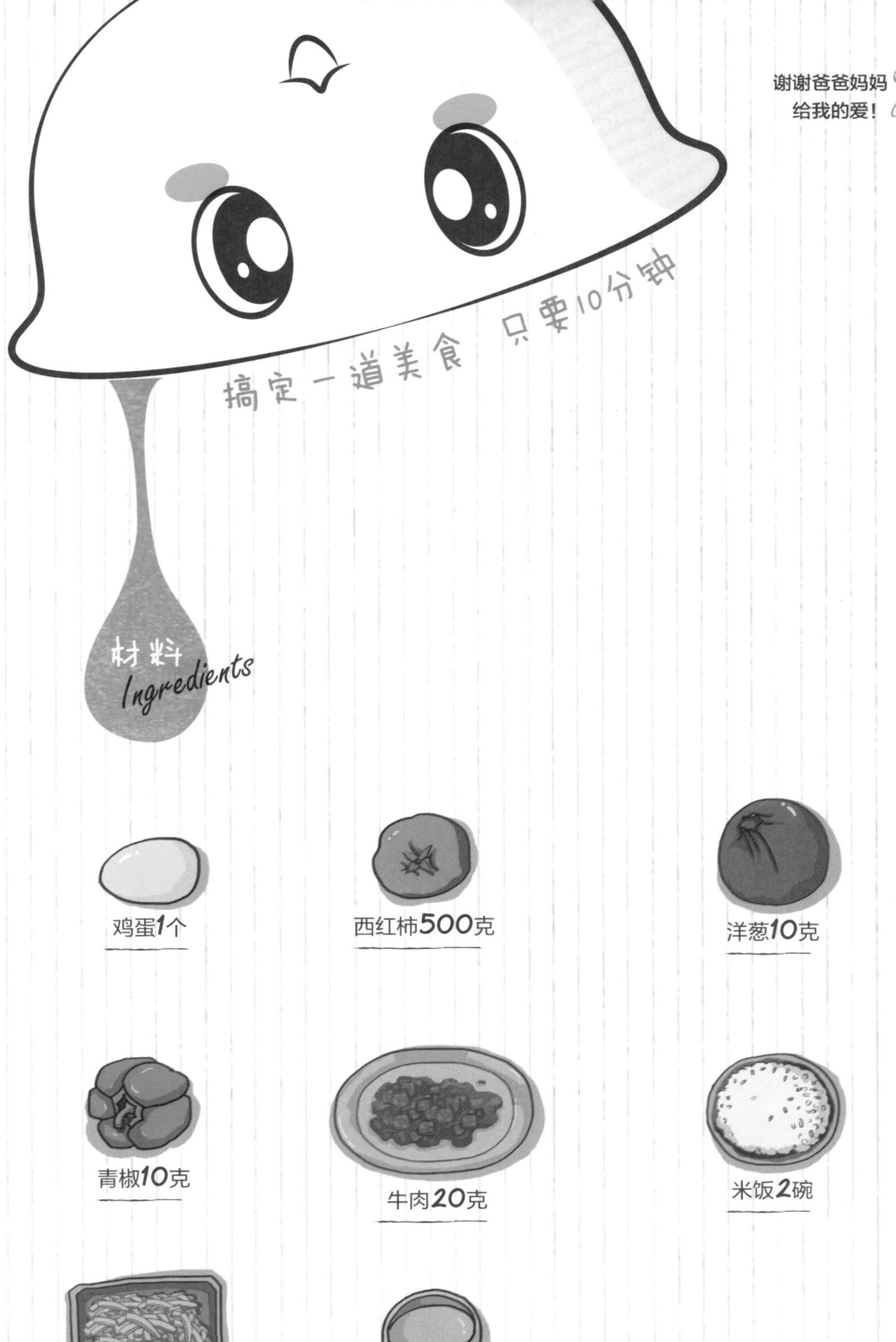

鸡蛋1个

西红柿500克

洋葱10克

青椒10克

牛肉20克

米饭2碗

芝士适量

油适量

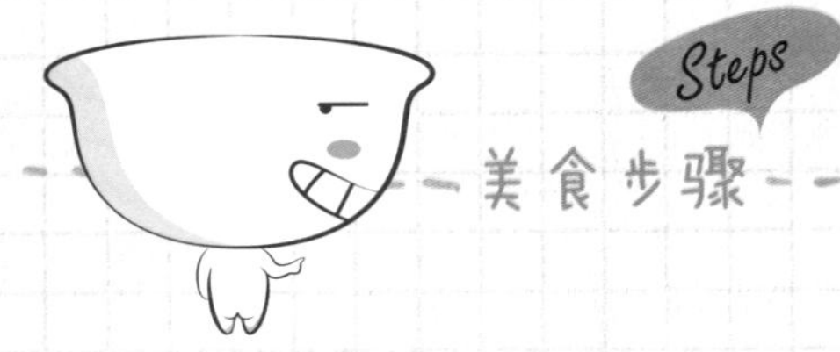

1.

先把青椒、洋葱洗干净切碎。

2.

再把牛肉切碎，和青椒、洋葱放在1个碟子里。

3.

用模具把米饭压成椭圆形，把米饭放到锅里，用油煎一下备用。

4.

把切好的牛肉、青椒、洋葱和鸡蛋放到锅里一起炒。

5.

用勺子把炒好的菜放到米饭上面。
接着在上面放上一些芝士。

6.

把步骤5做好的米饭放在180℃的烤箱里，烤3分钟左右就拿出来。

7.

作品完成。

亲手私厨
小小心得

1. 菜熟透时，趁热直接把芝士粒混合一起，可以减少烘焙步骤。
2. 馅料可以搭配其他水果，如菠萝、葡萄、苹果等，别有一番风味哦！

消暑，一勺就够了。

凉“夏”助成长

孩子幼小的身体，很难抵御炎炎夏日带来的暑气，容易上火。一道鲜美可口的元贝丝瓜，帮助孩子在夏天消暑降燥，让孩子拥有一个清凉愉快的夏天。

今日私房

元贝丝瓜

在这个夏季，元贝+丝瓜的巧妙搭配，不仅为孩子的生长发育提供充足的营养，还帮助孩子降降火，将妈妈心中的夏日难题都解决了。

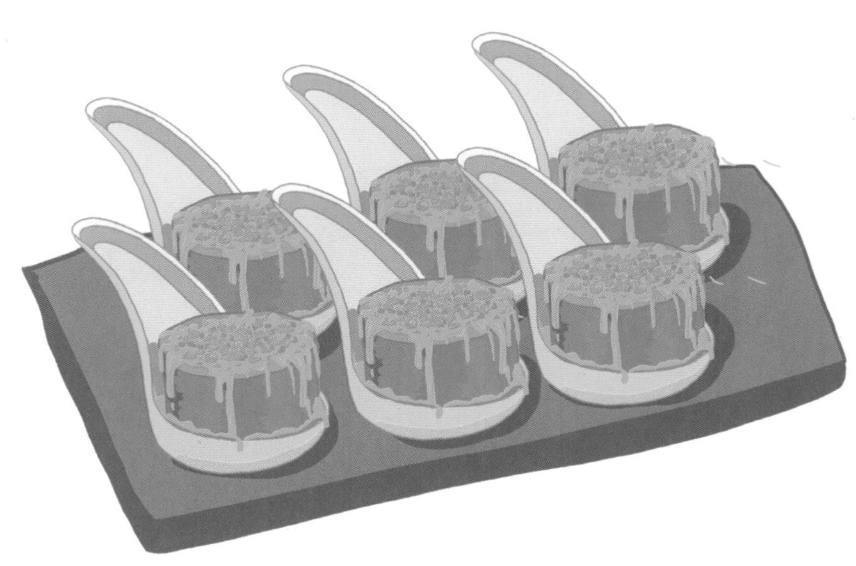

身体灭火器

丝瓜营养价值在瓜类食物中较高，味甘、性凉的特性，极具清热解毒的功效，是不可多得的降火佳品。

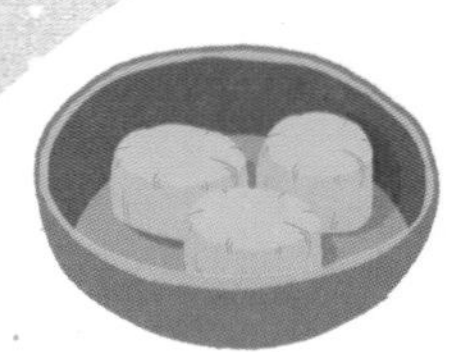

营养加油站

元贝富含蛋白质、碳水化合物、核黄素、钙、磷、铁等多种营养成分，对孩子的身体有很好的调理作用。体弱的孩子，快来吃吃看！

这个夏日不上火

正值夏季，高温、闷热，孩子很容易上火。多给孩子吃吃这道菜，清热解毒，让孩子整个夏季更清凉。

Nutrition
小碗营养点

搞定一道美食 只要10分钟
材料
Ingredients
油适量
盐少许
高汤1碗
咸蛋1个
元贝6个
水淀粉少许
丝瓜1条

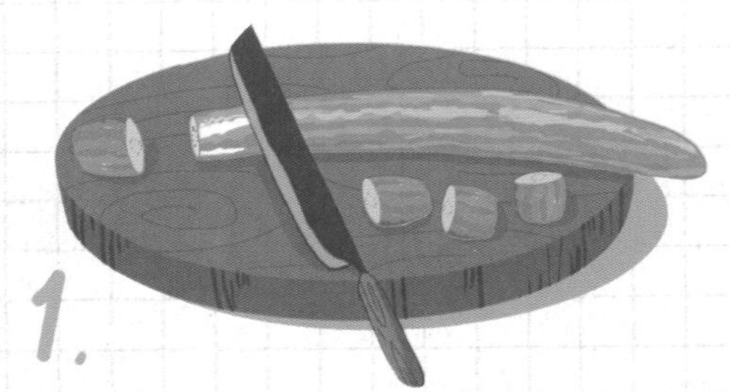

1. 丝瓜洗净去皮切段，长度如图所示。

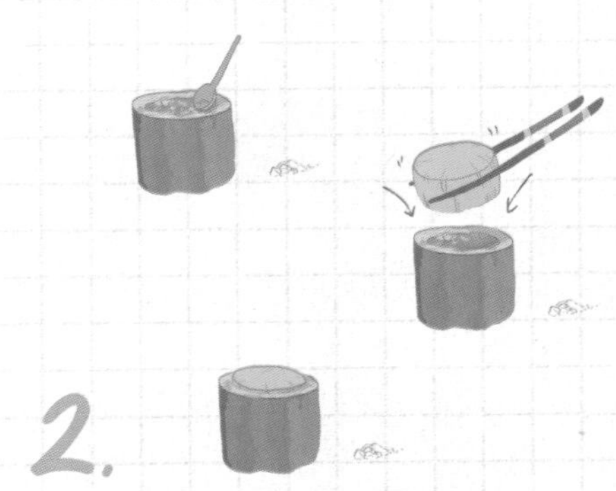

2. 丝瓜的瓤掏空，放入元贝。

3. 咸蛋煮熟，掏出里面的蛋黄，蛋白切碎，备用。

4. 在元贝丝瓜上面撒上少许咸蛋黄，将元贝丝瓜放入蒸锅内，蒸熟。

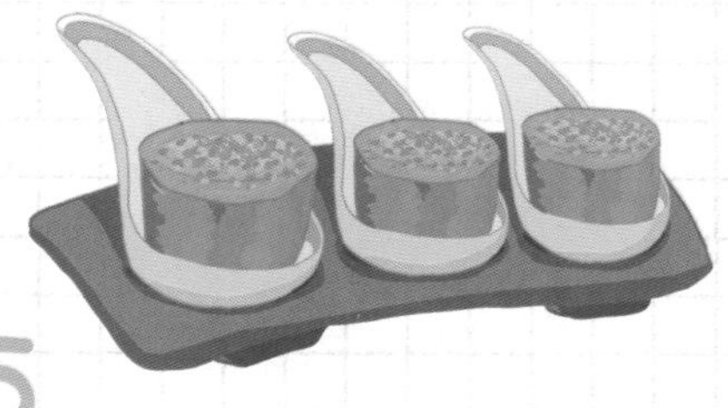

5.

将蒸熟的元贝丝瓜装盘。

6.

烧热的锅内调入少许油，将高汤倒入锅中，加入适量盐，并加入咸蛋白和适量的水淀粉，煮熟后备用。

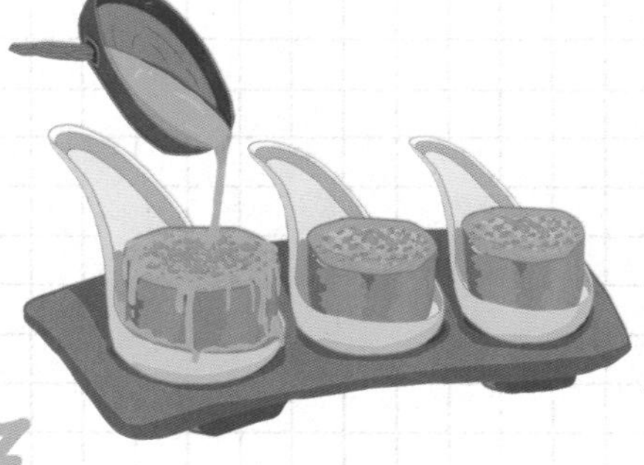

7.

将煮热的高汤淋到元贝丝瓜的上面。

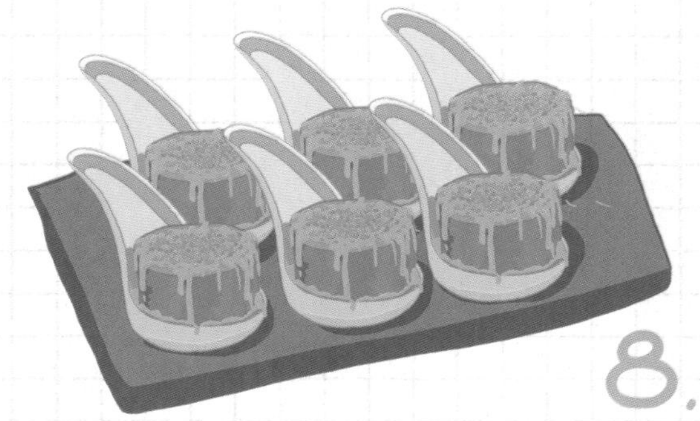

8.

作品完成。

亲手私厨
小小心得

元贝丝瓜不要蒸太久，时间宜控制在5分钟以内，超过这个时间，品相和口感都会下降。

这个棒棒糖，只有营养没有糖。

胃口大好，营养棒棒

宝宝经常会厌食、挑食，父母不要一味责怪宝宝，有可能是你们做的菜式有问题。一道俏皮可爱的鸡蛋棒棒糖，好玩又好吃，宝宝自然胃口大好，还能补充足够的营养元素。

今日 私房

鸡蛋棒棒糖

豆角+彩椒+鸡蛋的创意组合，做成宝宝最喜欢吃的棒棒糖造型，宝宝一边吃一边玩，不仅胃口大好，还可以补充营养素。

益气生津

豆角有较多的优质蛋白质和不饱和脂肪酸，矿物质和维生素含量也高于其他蔬菜，还含有丰富的B族维生素、维生素C，能促进宝宝的大脑发育，同时具有解渴健脾、益气生津的功效。

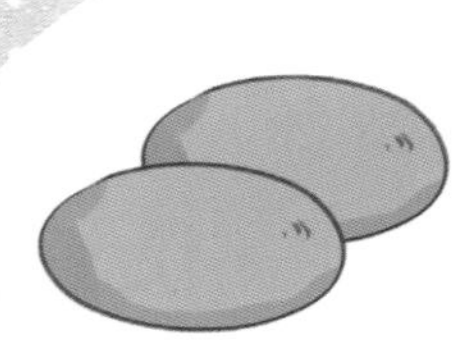

吸收多种元素

鸡蛋中蛋氨酸含量特别丰富，还含有其他重要的钾、钠、镁、磷等营养素，孩子食用蛋类，还可以有效的补充铁元素。

补充维生素

红彩椒含有丰富的胡萝卜素、维生素C和B族维生素，适量食用，有助于孩子消化，并可满足孩子对多种维生素和矿物质的营养需求。

Nutrition 小碗营养点

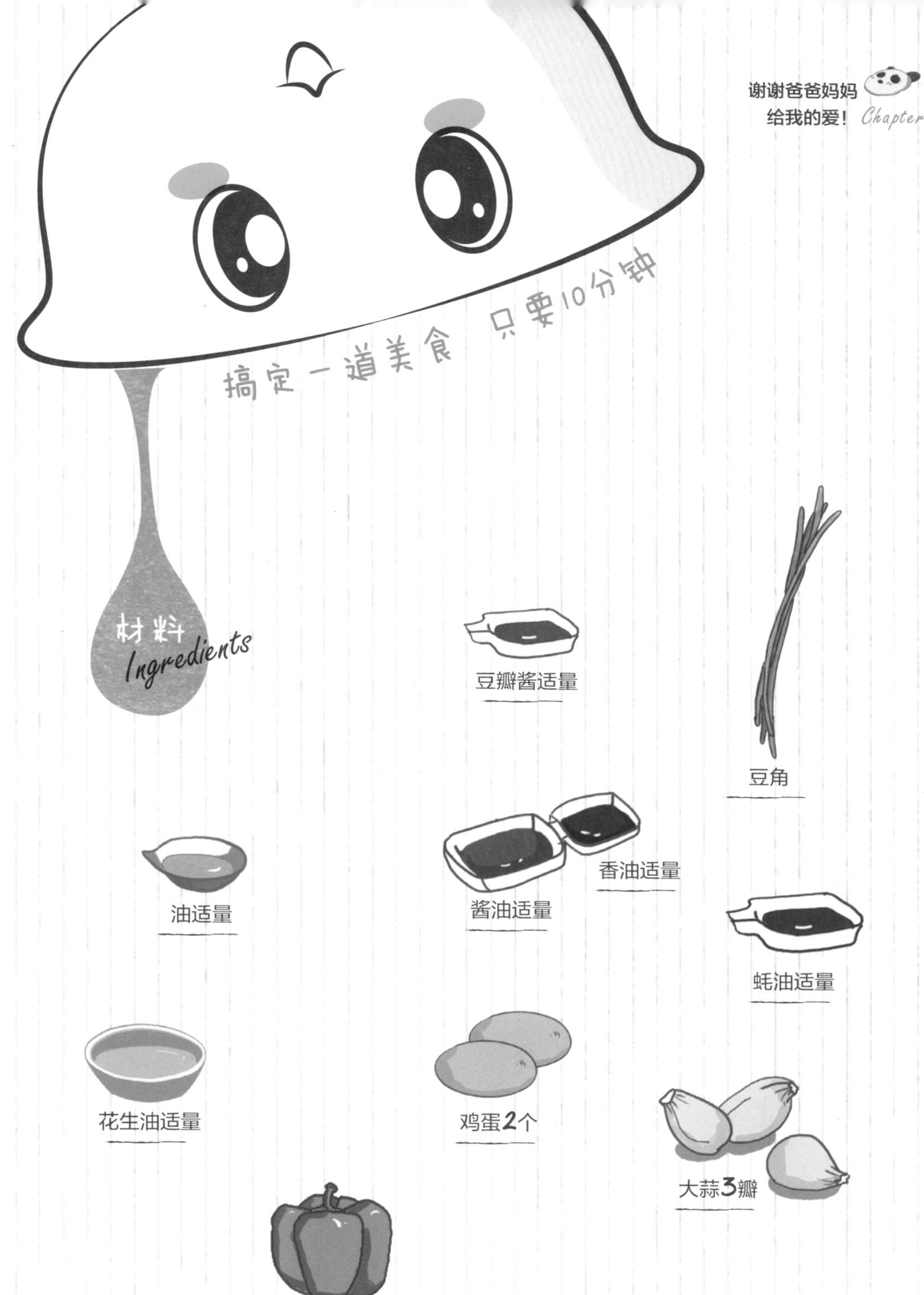
搞定一道美食 只要10分钟
材料
Ingredients
豆瓣酱适量
豆角
香油适量
油适量
酱油适量
蚝油适量
花生油适量
鸡蛋2个
大蒜3瓣
红彩椒1个

1. 把豆角用盐泡在水里。

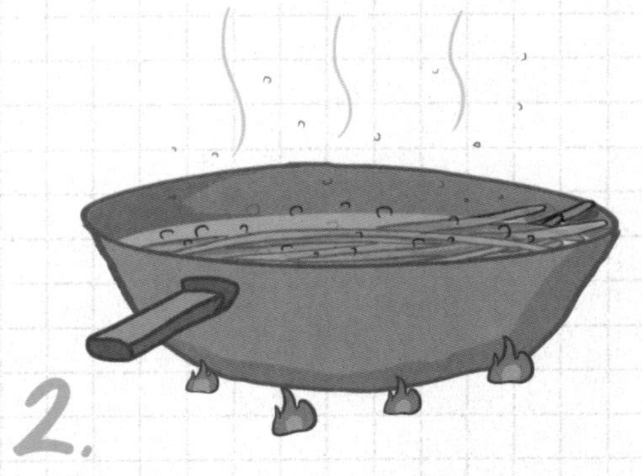

2. 把泡软的豆角放到锅里，加一点花生油煮熟。

3. 把红彩椒洗净，再切出几个五角星造型，然后把剩下的彩椒剁碎，装盘备用。

4. 大蒜洗净、剥皮、剁碎，装盘备用。

5. 把鸡蛋打成蛋液，倒入油锅中，摊成蛋饼，加入彩椒碎一起煎。

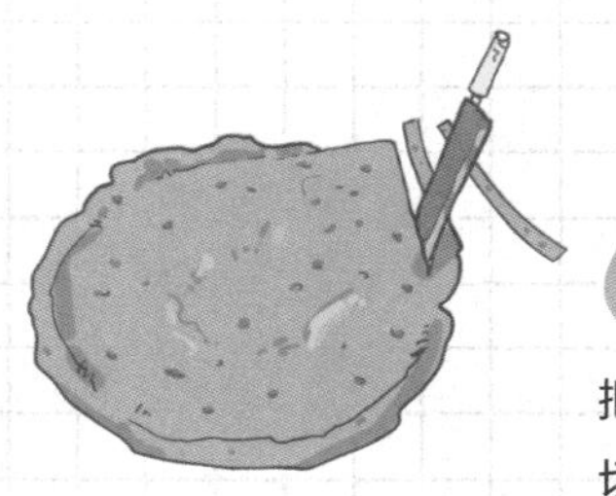

6.

把煎好的鸡蛋切成长条形。

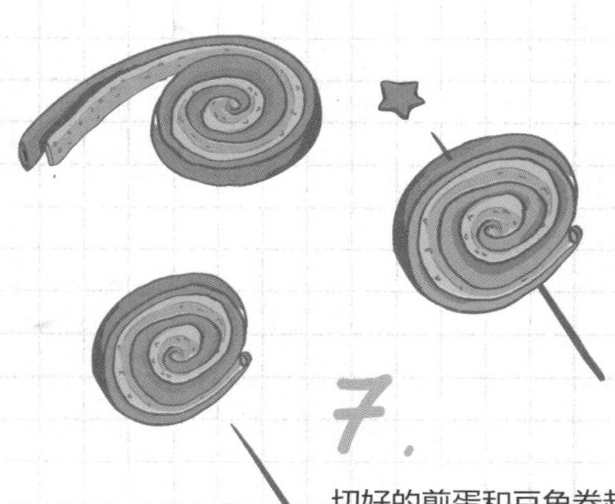

7.

切好的煎蛋和豆角卷起来，用竹签插好，顶部插上红彩椒做的五角星。

8.

把蚝油、豆瓣酱、香油、酱油和剁碎的大蒜，放入油锅爆炒。倒出酱料，装盘。

9.

如图做造型，作品完成，食用时蘸酱料。

亲手私厨小小心得

1. 豆角用盐水清洗，可以洗去残留的农药。
2. 豆角加油用热水焯熟，可以去除豆腥味和涩味。

别让孩子遭罪了，小冰碗，压住夏天这团火。

清凉一夏的冰碗

免疫力相对比较弱小的宝宝，难以抵御夏季暑热之气，所以苦夏更容易找上孩子，一道集合各大消暑食材的夏日冰碗，孩子吃了它，“暑气”不再，清凉整个夏天！

火龙果盅

火龙果+芒果+西米+汤圆+椰汁做成的火龙果盅，形状够别致，很能吸引喜欢新鲜的小朋友，清凉冰爽的口感，让苦夏的孩子瞬间爱上它。

消暑利器

椰汁清如水，甜如蜜，晶莹剔透，是极好的清凉解渴之品。火龙果属凉性水果，味甜多汁，有生津止渴的功效。再配合西米，消暑功效进一步加强。

排毒护胃

火龙果中富含蔬果中较少有的植物性蛋白，这种活性的白蛋白会自动与人体内的重金属离子结合，通过排泄系统排出体外，从而起到解毒作用。此外白蛋白对胃壁还有保护作用。

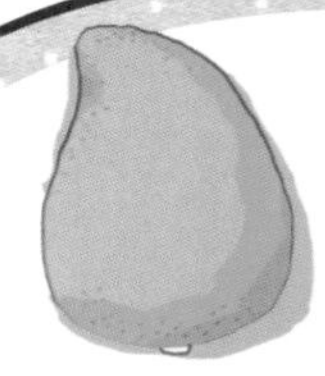

明目小帮手

芒果的糖类及维生素含量非常丰富，尤其维生素A含量占水果之首，能有效防止近视，改善视力状况。

Nutrition 小碗营养点

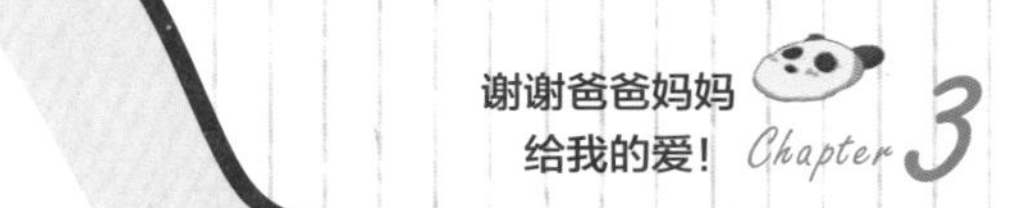

白肉火龙果1个

红肉火龙果1个

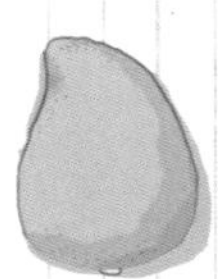

芒果1个

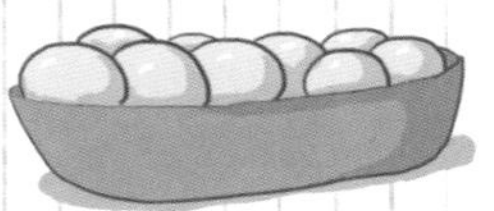

水晶汤圆适量

椰汁1罐

白糖1碟

西米1碗

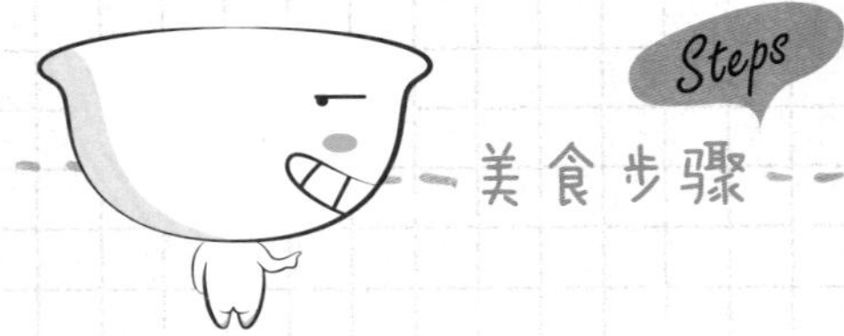

1.

水烧开后，放入西米，煮至全透明。

2.

用筛子将煮西米的水过滤掉，西米放入冷开水中。

3.

将适量椰汁倒入锅中，并加入白糖，等白糖化开后，把西米从冷水中捞出放入在煮的椰汁中，后用碗盛出，放入冰箱冷藏。

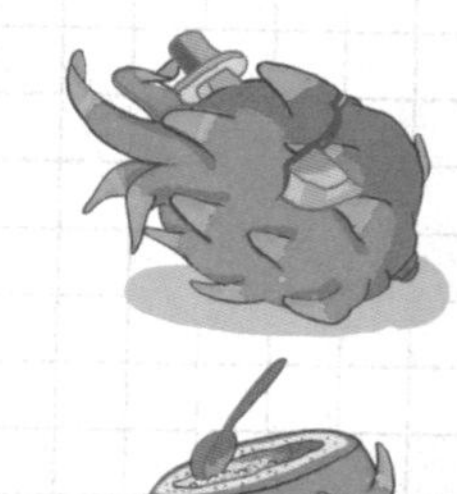

4.

把不同颜色的水晶汤圆放入开水中煮熟，煮好后将汤圆放入冷开水中浸一下。

5.

把火龙果上部分1/3切掉，用勺子将火龙果果肉挖出来。

6.

把冰镇后的椰汁西米、汤圆放入火龙果碗中，同时添入切好的芒果丁。

7.

放入冰箱中冰镇数分钟，取出来即可食用。

亲手私厨
小小心得

1. 火龙果肉不要挖太多，汤圆半浮会更诱人。
2. 成品冰冻后，风味更佳。
3. 根据个人口味，可选择与西瓜、葡萄等水果搭配哦！

时蔬鸡蛋串，人气飙高的儿童风味小吃。

营养连成串

一串，两串……绵绵的，黏黏的，
给孩子的小嘴另一番风味。

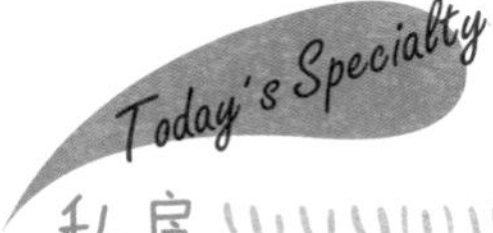

时蔬鸡蛋串

还别说，挑食的孩子一般都不能接受胡萝卜，虽然胡萝卜本身很有营养。可要是孩子错过了营养丰富的胡萝卜，真是一大损失啊。不怕，我们把胡萝卜和香香的青椒、火腿、鸡蛋放在一起做成既好看又好吃的鸡蛋串，宝宝就不会在意那些胡萝卜碎了。

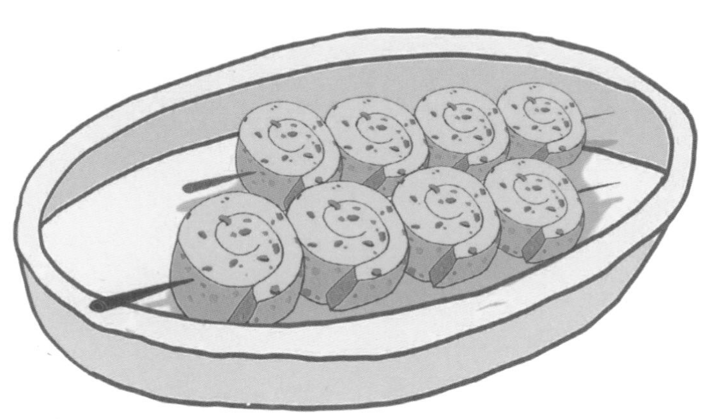

整体供给，营养连成串

把面粉、鸡蛋、甜椒、胡萝卜、火腿糅合在一起，量虽不大，但营养非常全面。面粉富含蛋白质、碳水化合物、维生素和钙、铁、磷、钾、镁等矿物质，与鸡蛋、蔬菜搅拌后，不仅宝宝喜欢吃，还有除烦清心的功效。

增强记忆力

鸡蛋中的蛋白质保证了宝宝生长发育所需的基本营养素。鸡蛋黄中的卵磷脂、甘油三酯、胆固醇和卵黄素，对神经系统和身体发育有很大的作用，可增强机体的代谢功能和免疫功能。卵磷脂被人体消化后，可释放出胆碱，胆碱可改善孩子的记忆力。

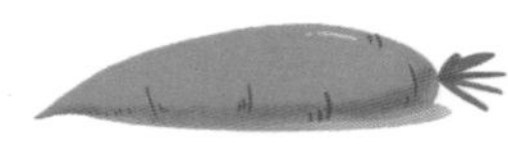

益肝明目

胡萝卜含有大量胡萝卜素，这种胡萝卜素的分子结构相当于2个分子的维生素A，进入机体后，在肝脏及小肠黏膜内经过酶的作用，其中50%变成维生素A，有补肝明目的作用。

Nutrition 小碗营养点

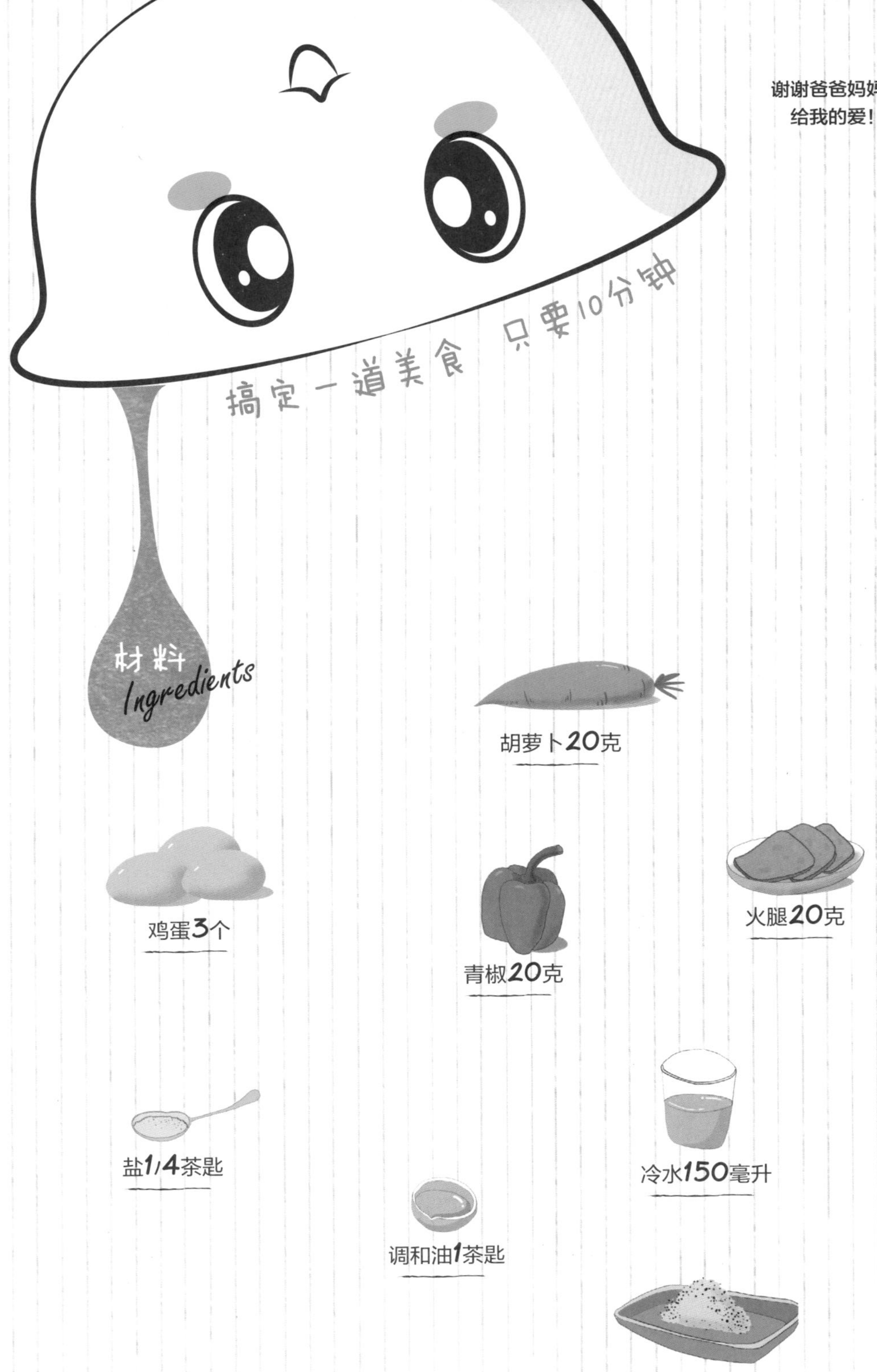

胡萝卜20克

鸡蛋3个

青椒20克

火腿20克

盐1/4茶匙

冷水150毫升

调和油1茶匙

中筋面粉100克

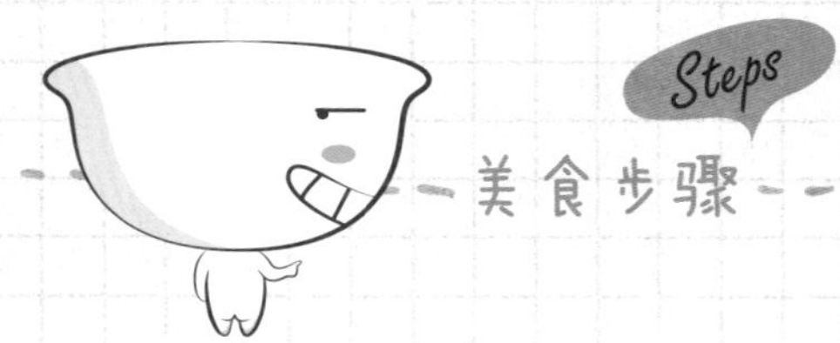

1.

面粉和盐混合后，将鸡蛋打入，把冷水缓缓地倒入。

2.

同时用筷子搅拌成面糊状，将面糊静置15分钟。

3.

将青椒、火腿和胡萝卜均切碎。

4.

将青椒碎、火腿碎和胡萝卜碎倒入面糊碗中，并搅拌均匀。

5.

锅中放油，油热后，将面糊倒入锅中，晃动锅并借助锅铲使面糊均匀地平摊在锅中，煎至两面金黄色。

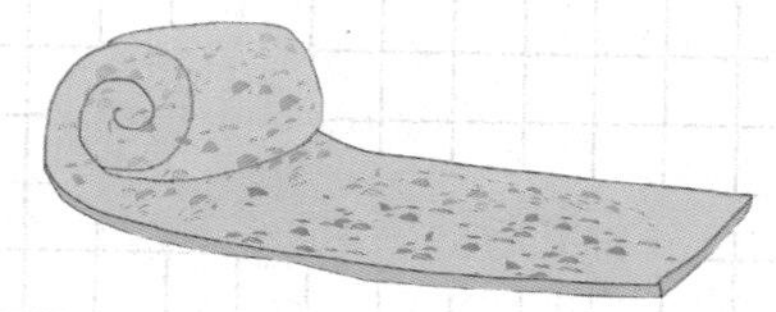

5.

煎好的面饼切成宽条状卷起。

6.

将卷好的面饼用竹签串起来就可以了。

面糊的浓稠度直接决定面饼的厚度，喜欢吃厚些的就将面糊稠度调浓一点，反之就调稀一点。

把蛋包上饭，宝宝主食新吃法。

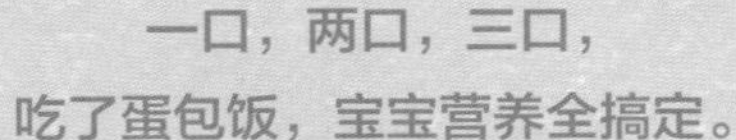

一口，两口，三口，
吃了蛋包饭，宝宝营养全搞定。

今日 私房

中国蛋包饭

白白净净的米饭，看着好像不是那么有食欲？那么米饭搭配上五颜六色的食材做成金灿灿的蛋包饭，可就不一样啦！光看着就垂涎欲滴了，何况其中还有如此丰富的营养，妈妈看着宝宝大口大口吃饭，一定开心极了，心里想必也和这蛋包饭一样乐开了花。

营养齐全

蛋包饭营养齐全，富含胡萝卜素、蛋白质、膳食纤维、维生素……特别是青豆中的脂膏酸和毛豆磷脂，对宝宝的大脑发育有着极大的促进作用。

增强新陈代谢

玉米胚尖所含的营养物质有促进人体新陈代谢、调整神经系统功能的作用，同时还能起到保护皮肤、延缓衰老的作用。玉米还有调中开胃、降血脂的功效。

健脑解毒

青豆富含不饱和脂肪酸和大豆磷脂，有健脑益智的作用。青豆中还含有两种类胡萝卜素，具有解毒作用，能够帮助宝宝排出体内毒素。

Nutrition 小碗营养点

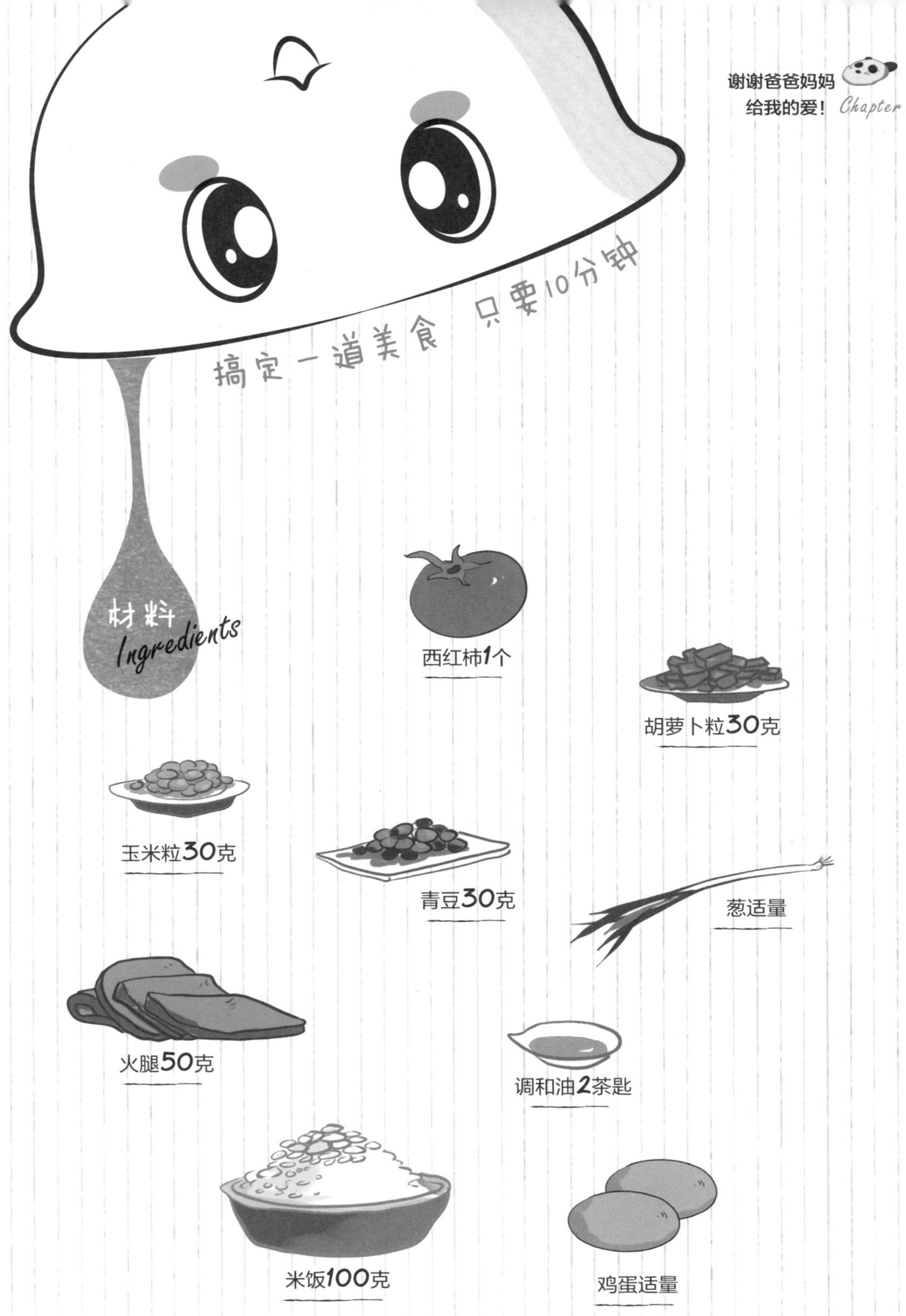
搞定一道美食 只要10分钟
材料
Ingredients
西红柿1个
胡萝卜粒30克
玉米粒30克
青豆30克
葱适量
火腿50克
调和油2茶匙
米饭100克
鸡蛋适量

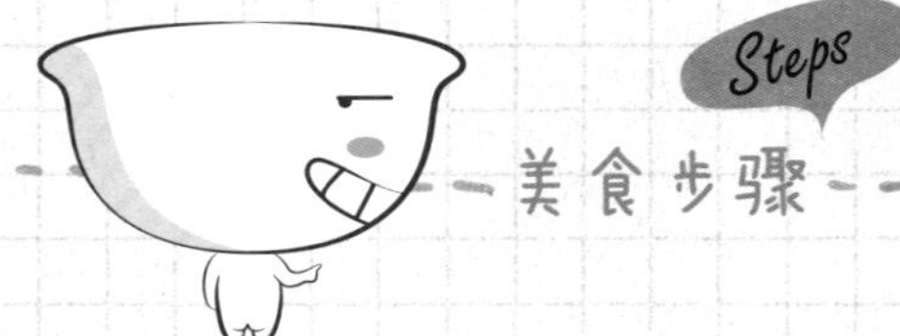

1.

鸡蛋打入碗中，用筷子搅拌均匀。

2.

锅内加油，烧热，把米饭、玉米粒、胡萝卜粒、青豆、两茶匙蛋液，放入锅炒熟。

3.

平底锅小火烧热，倒少许油，倒入剩余蛋液，均匀地铺满整个锅底，注意不要太厚。小火加热，煎至两面金黄。

4.

蛋饼取出晾凉后，用刀切去边缘的部分，放入适量的蛋炒饭。

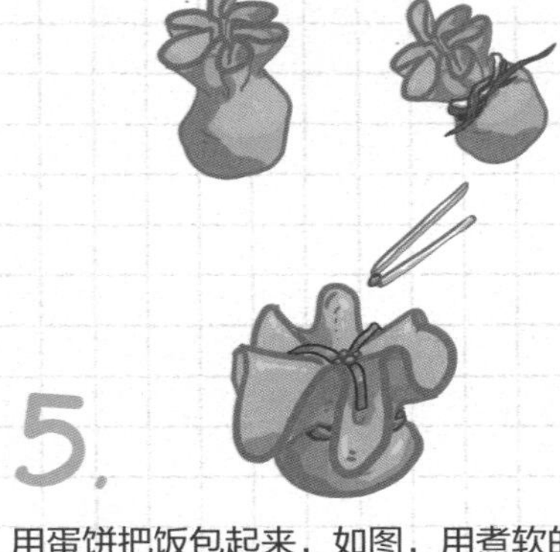

5.

用蛋饼把饭包起来，如图，用煮软的葱段绑好后，将多余的边整理好，像朵花一样，并装饰上青豆和火腿丝。

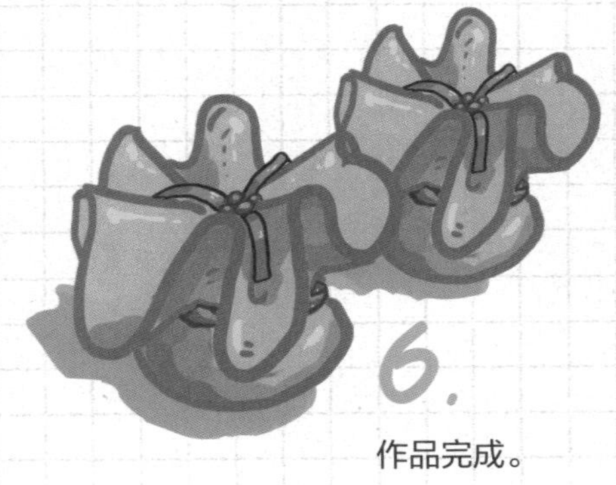

6.

作品完成。

亲手私厨
小小心得

1. 如果小朋友不喜欢吃青豆，可以用三文鱼肉来代替。
2. 葱只需要稍微用开水煮软，用起来便非常有韧性。

预防孩子营养不良，就用这道“魔术棒”。

营养组合棒

很多孩子都有一个共性，就是不太喜欢吃包子，但是包子的营养却是很丰富的。用一道特别造型的五角包做成魔术棒，五重营养组合在一起，让孩子从此爱上吃包子。

五角魔术棒

山药、芡实、红豆配上蛋卷组成的五角包魔术棒，含有非常丰富的优质蛋白质、脂肪酸等，五重营养组合在一起，让孩子的营养吸收更加全面。

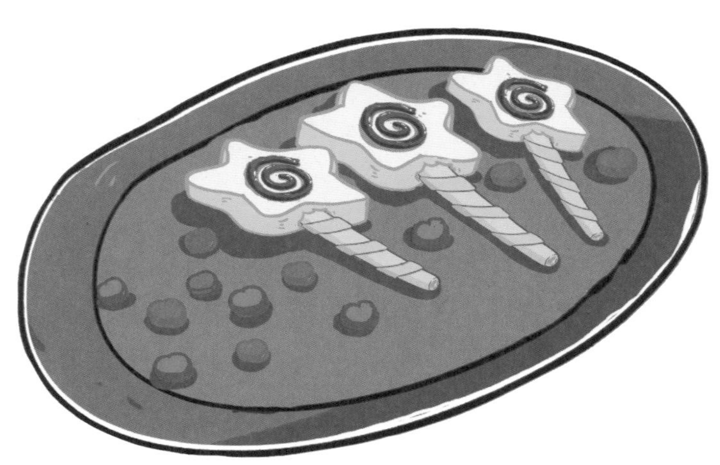

增强体内吸收

芡实含有丰富的淀粉，还有蛋白质、脂肪、碳水化合物等营养素，可以加强小肠吸收功能，芡实还具有补脾止泻的功效。

健脾益胃

山药含有多种营养元素，其中富含的淀粉酶、多酚氧化酶等物质，有利于脾胃消化吸收，是一味平补脾胃、药食两用的食材。

调节人体血糖

赤小豆富含维生素B_1、维生素B_2、蛋白质及多种矿物质，有较多的膳食纤维，具有利湿消肿、解毒排脓的作用。

Nutrition
小碗营养点

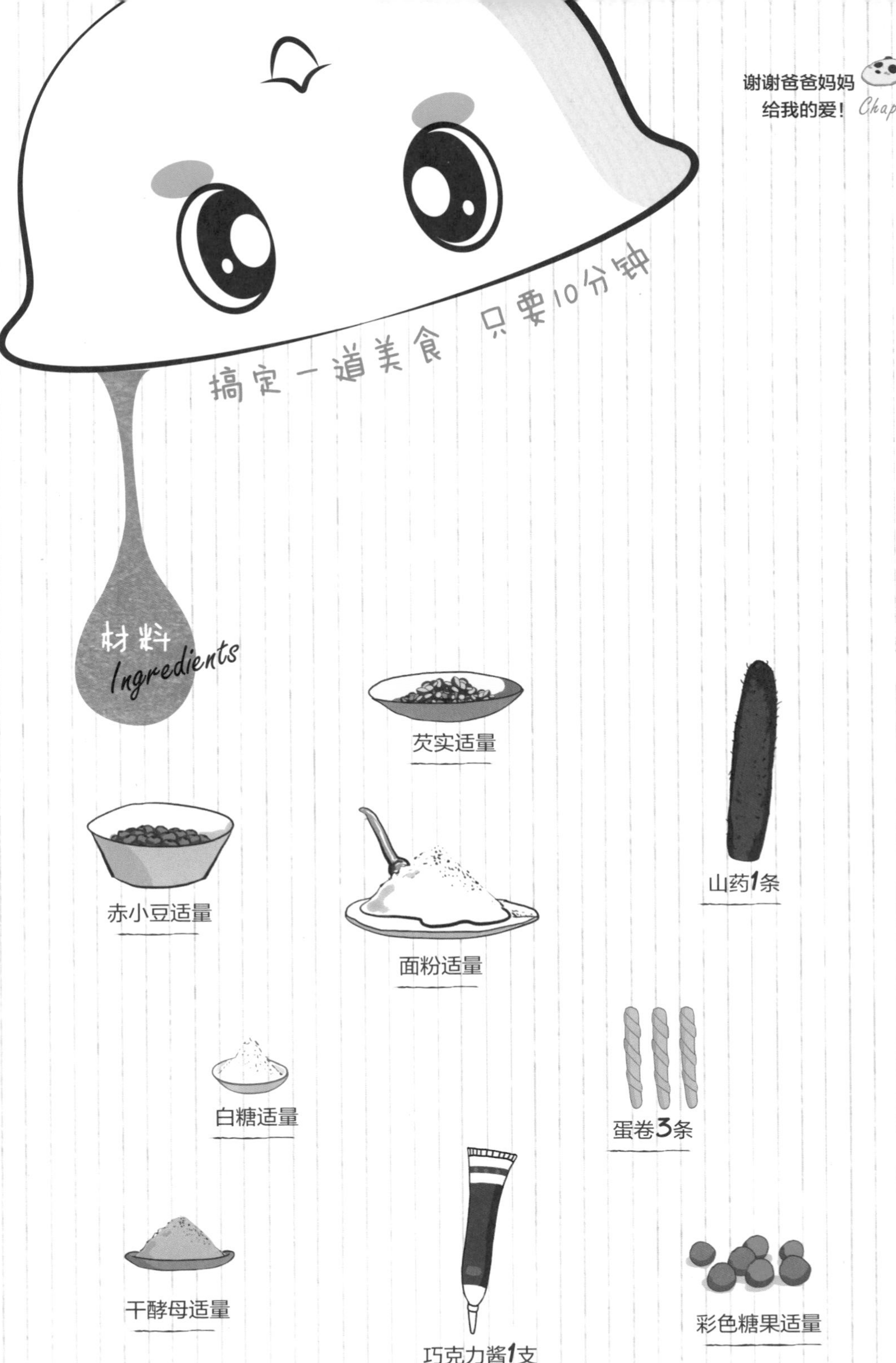
搞定一道美食 只要10分钟
材料
Ingredients
芡实适量
山药1条
赤小豆适量
面粉适量
白糖适量
蛋卷3条
干酵母适量
巧克力酱1支
彩色糖果适量

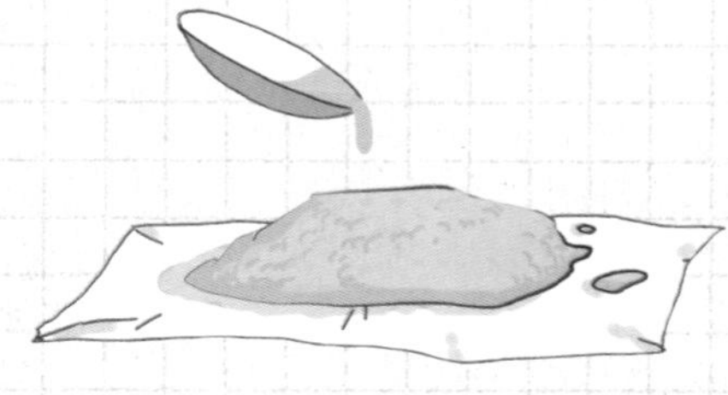

1.

在面粉中倒入适量清水和干酵母，将面粉揉成面团，发酵好。

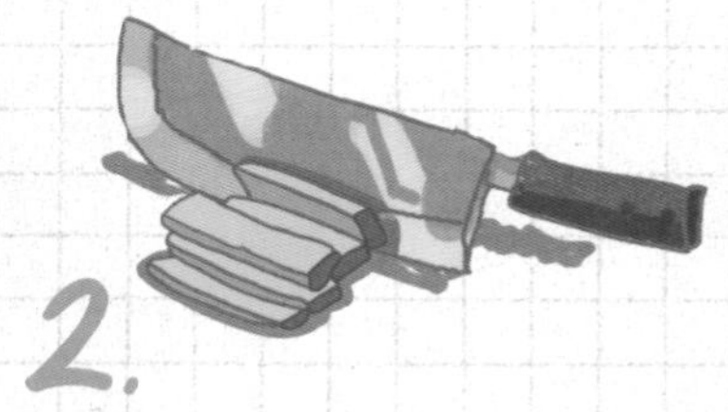

2.

将山药去皮洗净，切成小片。

3.

把切好的山药、芡实和赤小豆一起煮。

4.

煮好后倒入碗里，用研磨器磨碎。

5.

接着加入白糖，搅拌均匀。

6.

把面团压平，将磨碎好的馅加进去包好。

7.

把包好的面团放进模具里，压实边角，使它变成五角星形状。

8.

将五角星包子放入蒸锅中蒸熟。

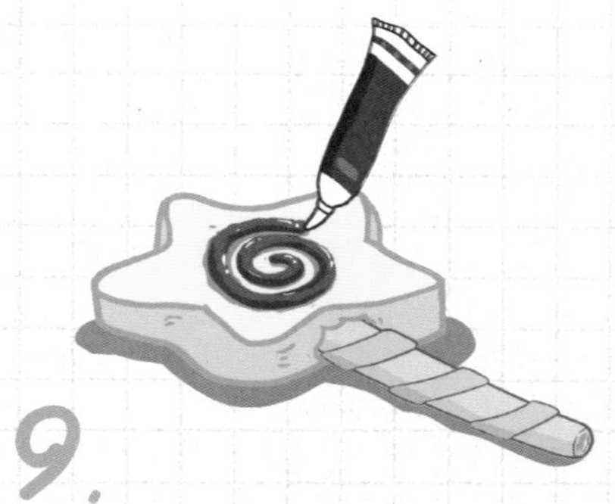

9.

蒸熟后将包子拿出来，插上蛋卷，如图挤上巧克力酱。

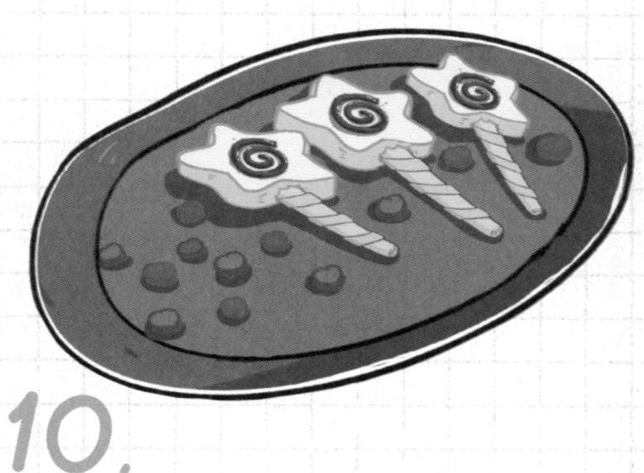

10.

摆盘，用彩色糖果装饰，作品完成。

亲手私厨
小小心得

1. 面团放进模具一定要压实，不然会漏馅。
2. 可根据孩子的口味选择薏米或者其他食材。

蜂蜜小丸子，零食中的最佳营养品。

怎么玩都不累

好动是孩子的天性，可是玩得太累时，免疫力会下降，孩子很容易被病菌感染。这时可以端上蜂蜜小丸子，给孩子迅速补充体力，消除疲劳，增强抵抗力。

蜂蜜小丸子

蜂蜜+鸡蛋+面粉做出超级小丸子，甜甜的口味，充满香气，让运动完的孩子胃口大开，迅速补充体力。

缓解疲劳

蜂蜜中含有丰富的果糖和葡萄糖，是大脑神经细胞所需要的主要能量来源，它能很快被人体吸收利用，改善人体的血液循环，补充能量，缓解疲劳，它还可以起到增强机体免疫力的作用。

补铁高手

鸡蛋中含有较丰富的铁，铁元素有参与血中运输氧和营养物质的作用，能有效缓解缺铁性贫血。

助眠妙法

蜂蜜中的葡萄糖、维生素、镁、磷、钙可以调节神经系统功能，缓解神经紧张，促进睡眠。孩子如果睡眠不好，可以试试这道菜。

Nutrition 小碗营养点

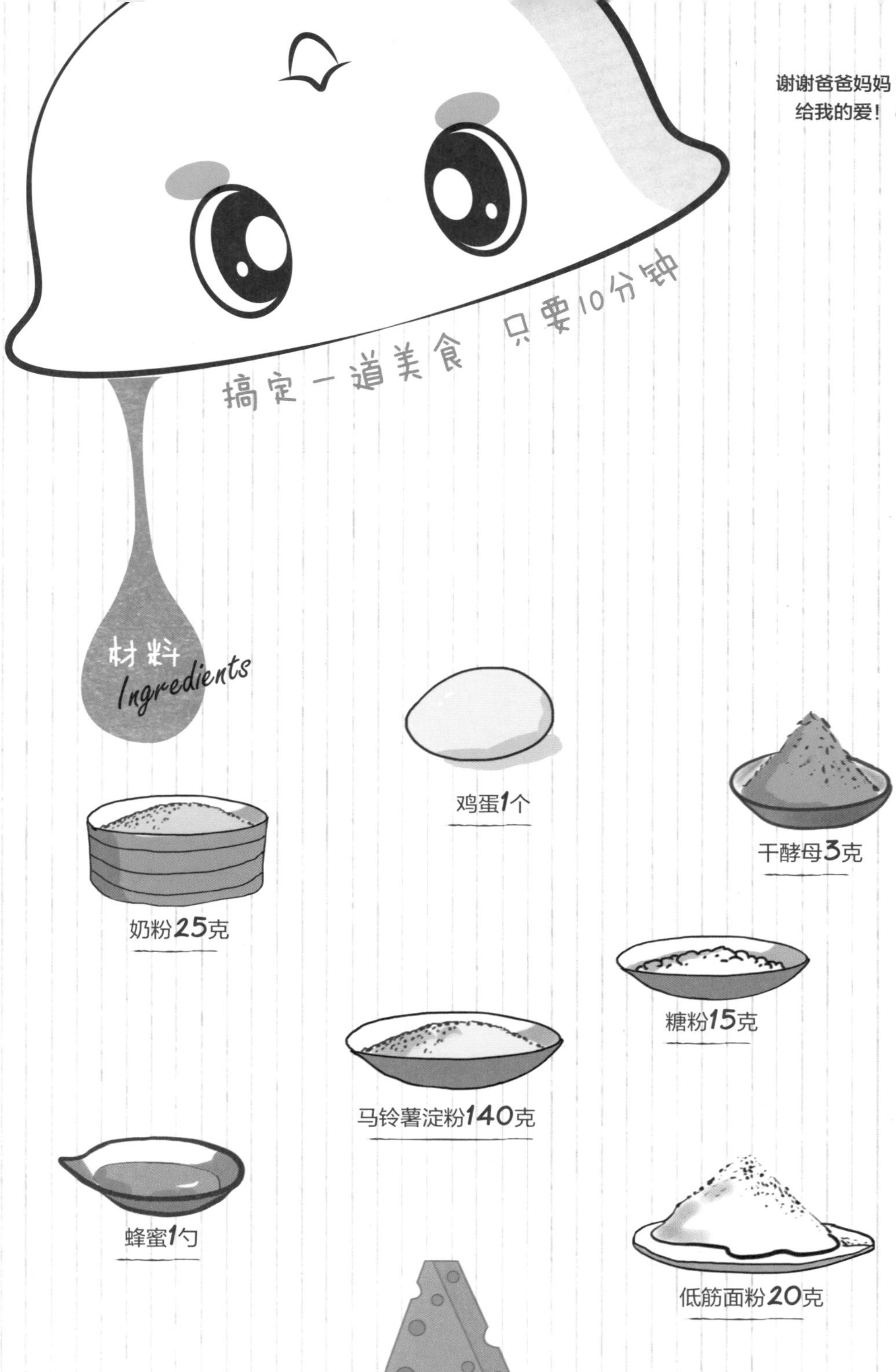
搞定一道美食 只要10分钟
材料
Ingredients
鸡蛋1个
干酵母3克
奶粉25克
糖粉15克
马铃薯淀粉140克
蜂蜜1勺
低筋面粉20克
黄油40克

1.

将马铃薯淀粉、低筋面粉、奶粉和干酵母粉用筛子筛一遍。

2.

鸡蛋敲碎，调入蜂蜜和糖粉，充分搅拌均匀。

3.

把马铃薯淀粉、低筋粉、奶粉、干酵母粉混合在一起，倒入步骤**2**的蛋液，搅拌均匀。

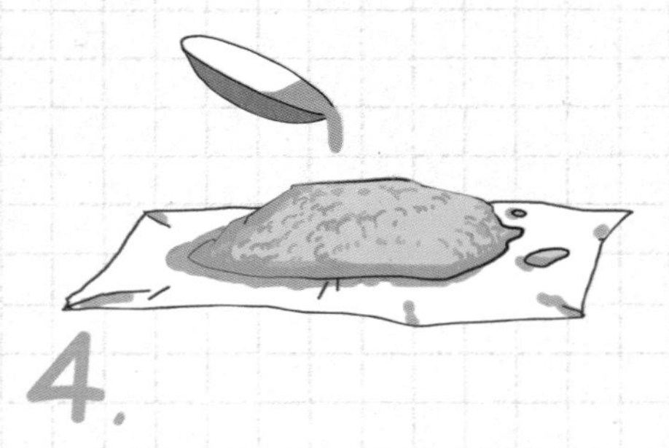

4.

把融化后的黄油倒入混合面粉中，再次进行搅拌。

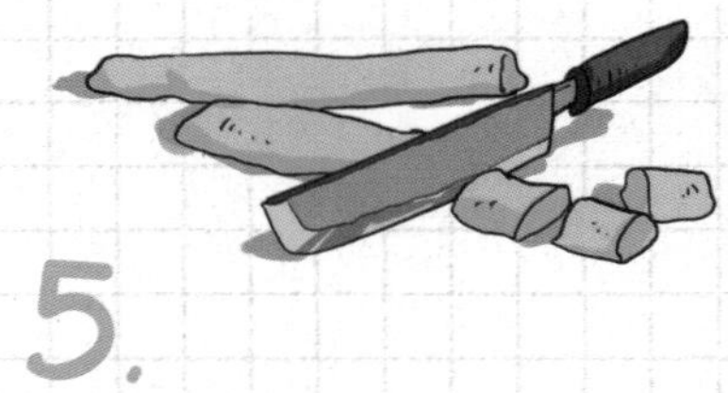

5.

将面团揉成细条，并切成一个个小剂子。

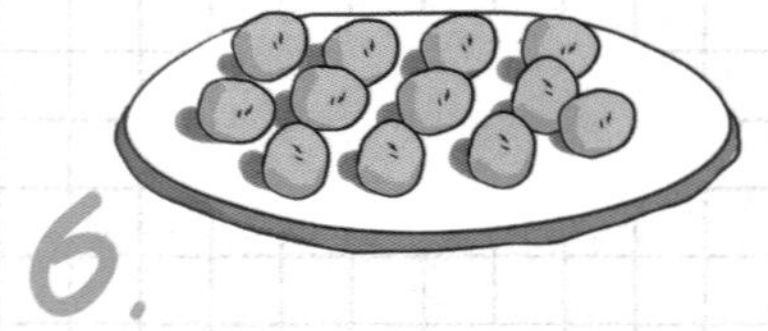

6.

把小剂子搓成一个个小丸子。

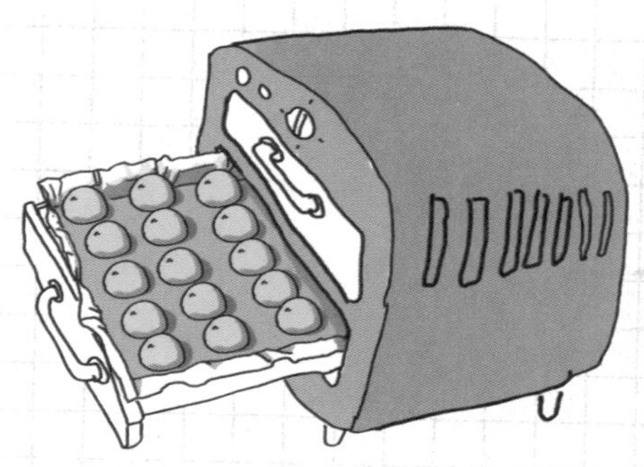

7.

将小丸子放入烤箱烤熟。

8.

作品完成。

亲手私厨
小小心得

1. 可根据个人口味加入适量的芝麻或葡萄干。
2. 在搓小丸子的过程中，用湿毛巾将小剂子盖住，如此小剂子表面不容易变干，易于揉搓。

图书在版编目（CIP）数据

小碗创意儿童餐 / 小碗创意工作室，常晶晶著. ——
南京：江苏凤凰科学技术出版社，2017.9
ISBN 978-7-5537-8468-7

Ⅰ. ①小… Ⅱ. ①小… ②常… Ⅲ. ①儿童－保健－
食谱 Ⅳ. ①TS972.162

中国版本图书馆CIP数据核字（2017）第161793号

小碗创意儿童餐

著　　者	小碗创意工作室　常晶晶
责任编辑	祝　萍
责任校对	郝慧华
责任监制	曹叶平　方　晨
出版发行	江苏凤凰科学技术出版社
出版社地址	南京市湖南路 1 号 A 楼，邮编：210009
出版社网址	http://www.pspress.cn
印　　刷	深圳市彩之美实业有限公司
开　　本	718 mm × 1000 mm　1/16
印　　张	15
字　　数	150 000
版　　次	2017 年 9 月第 1 版
印　　次	2017 年 9 月第 1 次印刷
标准书号	ISBN 978-7-5537-8468-7
定　　价	49.80 元